世界を、こんなふうに見てごらん

日高敏隆

JN286790

集英社文庫

はじめに

いきものとおしゃべりするには、観察するのがいちばんだ。
子どものころ、ぼくは、虫と話がしたかった。
おまえどこに行くの。何を探しているの。
虫は答えないけれど、いっしょうけんめい歩いていって、
その先の葉っぱを食べはじめた。
そう、おまえ、これが食べたかったの。
言葉の代わりに、見て気がついていくことで、
その虫の気持ちがわかる気がした。
するとかわいくなる。うれしくなる。
それが、ぼくの、いきものを見つめる原点だ。

どうやって生きているのかを知りたいのだ。
おまえ、こんなことしているの。
そうなの、こういうふうに生きているの。
その物語がわかれば、すごく親しくなれる。
みな、ようよう今の環境に適応して生きている。
生きることへの深い共感は、そうやって生まれてくる。

世界を、こんなふうに見てごらん。
この本を、これからの少年少女と大人に贈る。
人間や動物を見るときのぼくなりのヒントをまとめたものだ。
生きているとはどういうことか、
豊かな見方をするといいと思う。

世界を、こんなふうに見てごらん　目次

はじめに …… 3
「なぜ」をあたため続けよう …… 11
人間、この変わったいきもの …… 23
宙《そら》に浮くすすめ …… 37
それは遺伝か学習か …… 51
コスタリカを旅して …… 65
いろんな生き方があっていい …… 79
行ってごらん、会ってごらん …… 91
イリュージョンなしに世界は見えない …… 103

じかに、ずっと、見続ける……115
いつでもダンスするように……127
〈講演録〉
イマジネーション、
イリュージョン、そして幽霊……139
あとがき　今福道夫……191
解説　篠田節子……196

世界を、こんなふうに見てごらん

#「なぜ」をあたため続けよう

ぼくは、小学校のころ学校に行かなかった。戦時教育下に、いわば登校拒否のぼくが過ごした場所は、まだ東京のそこかしこに残る原っぱだった。

あるとき、枝をいっしょうけんめいはっている芋虫に思わず話しかけたことがある。

「おまえどこに行くの？　何を探しているの？」

芋虫は答えなかったけど、ぼくにとって、それは大切な原点だったかもしれない。

必死ではっている。はうのは筋肉を使っているからだ。そういう話では何もわからない。

少なくともいきものには、なぜその行動をするのか、目的があるはずだ。それを問わなければ何も始まらないではないか。

動物行動学とは何かとよく聞かれるけれども、ぼくには実はよくわからないことがある。

学会を立ち上げる前は日本国内に動物行動学というような考え方はまったくなかった。動物行動学会なんかつくってどうするんですかとよく聞かれた（※日本動物行動学会は一九八二年に創立。初代会長は著者）。

そういうときは、ナントカ学というのは何についてもあるじゃないか、動物に対していろんなことを考える学問があっていいじゃないか、と答えていた。するとと相手はわかったような、わからないような顔をしていた。

有名なのはオーストリアの動物行動学者コンラート・ローレンツ。彼は動物行動を学問の視点で見て議論しはじめた。

それまでは学問的に扱おうとする人がいなかった。行動はお話としてはおもしろくても、学問にはならないと思われていた。一般の人々もそういう学問があるとは思っていなかった。

そこにローレンツのような、動物行動を学問の対象とするべきだと思った人が現れ、彼の著書『ソロモンの指環』（日高敏隆訳　ハヤカワ文庫）を読んでみな感動した。それからはやりだしたのだ。

ぼくはチョウをいろいろ研究したが、はじめから学問の対象として見ていたのではないと思う。

チョウには蝶道《ちょうどう》があって決まったところを飛ぶ。

たとえばクロアゲハは、もっと低いところを飛んでくれたら捕りやすいのに、どうして高い木の梢《こずえ》のあたりしか飛ばないのか。子どものときからずっと疑問だった。

じゃあ、いったいどういうところを飛ぶのか。

チョウはわけもわからず飛んでいるのではなく、自分の欲しいものを探しながら飛んでいる。すべてのチョウが花を欲して花のあるところを飛んでいるかというと、必ずしもそうではない。

たいていのアゲハは木の梢あたりを飛ぶ。花がないのにどうしてだろう？　そんなふうにものを見直していく。

考えたら、こんな「なぜ」はわかってもわからなくてもいいのではないか、くだらない「なぜ」なのではないかという気もする。それをあまり問う人はいなかったわけだが、不思議に思いはじめると不思議なのだ。

そして、その「なぜ」は、調べていったというより、考えていったのだ。

山の中で木がいっぱいあっても、アゲハは杉や檜《ひのき》などの人工林を飛ぶことはない。雑木が生えているところを飛ぶ。

そこには卵を産める柚《ゆず》やカラタチといった植物が生えている。

もしかしたら彼らはミカン科の木の葉っぱに卵を産んで（そこで）成虫になるから、花畑よりも木の梢のほうを飛んでいる雌が多いのではないか。雄はそこで雌に出会うのではないか。

というぐあいに説明がついてくる。

仮説を立てて、実際に調べてみる。

具体的なことがわかってくると、だんだん一般にあてはまる理屈が見えてくる。行動から見ようと思ったのではなく、なんであそこを飛ぶんだろう、なんでこっちを飛ばないんだろう、という、きわめて具体的な疑問が始まりだった気がする。

動機はそういうふうに具体的でないと、どうもあとがうまく続かないのではないか。具体的に見なければダメだと、ぼくは強く思っている。

環境学もそうだと思う。

ぼくが地球研（総合地球環境学研究所）の所長時代に、「イデオロギーや思想、システムといった大きいところから話をしがちだが、ひとつひとつの具体例の積み重ねでしか環境問題は動かないものだ」とよく話した。

具体例をいっしょうけんめい見ていくと、やがて一般解にいたる。

一般解ができると、今度はそれにあてはまらない変なヤツが出てくるから、それをまた調べていくと、その答えがわかって、また話が広がっていく。

はたから見れば、その話は学問的に調べていったことになるのだろうけど、ぼくはただ、どうしてなんだろう、どうしてなんだろうと問うていっただけだ。

東大（東京大学）の理学部に入って、その話をすると、「なぜ」を問うてはいけないといわれた。

なぜいけないのですかと聞き返したら、「なぜ」を問うことはカミサマが出てくる話になってしまう。How（どのように）は聞いてよいが、Why（なぜ）を聞いてはいけないといわれ、そのことを疑問に思った。

何人かの先生からは、そんなふうに考えるのなら東大をやめて京大（京都大学）に行けといわれた。それくらい「なぜ」という言葉は問題があるとされていた。

いろいろ考えて、そんなものかなあ、と思っていた。

物理学で物が落ちる、なぜ落ちるか。万有引力があるからだ、という。なぜ万有引力があるのか、とは聞かない。

だが少なくとも生物の場合は、「なぜ」を問わないと学問にならないのではないかと思った。かなり厳しくそう思った。が、それ以上東大の先生たちとは論議しなかった。

当時、科学というものは、「なぜ」を問わないものだ、と世の中一般にいわれていたと思う。

ぼくは、さあそれでほんとうに学問になるのかな、とそうとうな疑問を持ち続けた。今になって思うと、それでよかったと思うけど、途中ではかなり異端視された。

そうした中でも、普通の人々にいろんな話を、まさに科学の話をする機会がある。そのときにぼくは平気で「なぜ」ということを含めて話をした。するとみなおもしろがる。

ぼくにとってみると、それはとても大事なことだった。「なぜ」をいわなければばおもしろくないということがよくわかった。

「なぜ」をおおっぴらに議論できるようになったのは、やはり動物行動学会をつくってからではないだろうか。

中には動物行動学は学問としてやってはいけないといっていた人もいる。どのように動いているかは問うていいが、なぜそのように動くのか、は問うてはいけないといわれた時代があった。

京大理学部の動物学の講座にぼくはそれを堂々と持ち出した。しかし、猛烈な反対があって、結局最初は講座をつくれなかった。そのへんはあまり東大と変わりはなかった。今はもちろん講座はあるが。

普通、ギャンギャン議論して、理論的に通せなくなると折れてしまう。そうではなくて、反対ならそれ以上いわないことだ。勝ち負けはあまり考えたことがない。でも不思議なことに、あとでぼくのいったようになったなあということが何回もあった。

要するにぼくはあんまり人のいうことをまじめに聞いていないのではないだろうか。まあ、そうでもないんじゃないか、とずうずうしく思っている。自分の思った道を粛々《しゅくしゅく》と行けばいい。人を説得しなくては、なんて思わない。自分がそう思っていればいい、と思う。

目の前のなぜを、具体的に、議論するのではなく、なぜだろうと考える。ある意味では、目の前の対象は具体性があるから強い。

科学はもともとが自然。人間がつくったものは工学。エンジニアリングになると、人間の欲望や何かがごちゃごちゃ入ってきて、すっきりしたものでなくなるように思う。

自然というのはけっこう複雑で、ひとつの要因では説明できないような、おもしろいことがいっぱい出てくる。

経済もおもしろいだろうけど、そこには人間が金儲《かねもう》けをしようという、ひとつの意図しかない。

が、自然の場合はいろんな意図がきっとあるのだろう。それを解き明かしていくだけで十分おもしろい。それは人間のやっていることではないから。ノーベル賞を受けた研究もそうだ。役に立とうと思ってやっていることではないだろう。

量子物理学の話で、なぜ地球がなくならなかったのかという疑問は、なくなろうがなくならなかろうが誰が得をする、損をするという話ではない。

科学を志す人には、なぜということしかない。おおいに「なぜ」に取り組めばいい。自分の「なぜ」を大切にあたため続ければいいと思う。

人間、この変わったいきもの

たとえば人が死ぬ。何か思いがけない理由で死ぬと、葬儀では「故人もこんなことになって驚いているにちがいない」などという。まるで死者もどこかにいて、その状況を見ているかのように。そして死んだ人の今の気持ちをくみ取ろうとする。

そのことを人間はあまり変だと思っていないけれども、ほかの動物とくらべるとそうとうに変わっている。人間はイリュージョンを持ついきものなのだ。イリュージョンなしには生きられないといってもいい。

神話や民話、伝説など、人間が昔から伝えてきたストーリーを読んでいると、人間にとって死ぬことはものすごく大事な問題だということがわかる。

英語に「デッド（dead）」という言葉がある。死んでいるということ。

しかしその言葉を使って本人がアイアムデッド（私は死んでいる）と述べるこ

とはありえない。あくまで、死者の隣にいる人が「この人はデッドだ」と表現する。そういうことで、いった人間は、ひるがえって自分が生きていることを確認できる。

実はそのことが非常に大事なのではないかという気がしている。

元気な人はあまり死を考えないけれども、身近な人が亡くなったり、自分が病気になったりして死を意識すると、いったい今までやったことはどうなるのかとか、死んで自分がいなくなったらその後はどうなるだろうとか、それまで考えなかったことを考えはじめる。

死んだらものごとが終わる。自分がいなくなる。そして自分が死んでいるということを自分ではいえない。考えてみると、死というのはとても変な状態だ。

死を知っていることが人間とほかの動物との違いだと、ぼくが考えはじめたのは、それほど若いときのことではない。美を感じることもほかの動物と違う。いずれもわりに近年、とくに重視して考えるようになった。

ぼくは、虫をつかまえて、どういうものがいるかという研究を小学生のころからやってきた。

つかまえるとまず殺さなくては逃げてしまうし、名前を調べられない。分類するには生きていては困るのだ。足の第何節にトゲがふたつあるか三つあるかで種類が違うということになると、生きているときにはまずわからない。

毒ビンに入れると標本になり、腐りもしないので、昔はとにかくそこに虫を放り込み、動かなくなってから取り出して見ていた。

それは死んでいる虫だ、ということを意識したのはずいぶんあとになってからだ。

生物学をやるといいながら、生きているということはどういうことか、死んでしまったとはどういうことかを考えるような哲学的な発想は全然なかった。

中学三年の夏に戦争が終わった。

そのころの生物学はといえばやはり、これは何であるかということばかりを調べるものだった。そのうち教科書を書こうという人も出てきたけれど、分類学主体のおもしろくないものばかり。

それではいけないと思ったのだろう。ある先生が、生きているとはどういうことかを生物学の本に書いた。それを読んで初めてぼくも生きているということはどういうことかを考えるようになった。

それは八杉龍一《やすぎりゅういち》（一九一一〜一九九七年）先生の著書だったと思う。

この八杉家というのは、一家そろっていろんな人に影響を与えている家で、父の八杉貞利さんは高名なロシア語学者、祖父の八杉利雄さんは明治の西洋医。森《もり》鷗外《おうがい》も部下だったことがある。

龍一さんがどうして動物学を始めたかはよく知らないが、変わった人で、血を見ることが嫌いで解剖ができなかったらしい。それでやむをえず形態や標本だけを見ているうちに、当時話題の進化論に踏み込んでいった。

そのころ、生きているとはどういうことかを表に出して執筆や出版を行うのは、動物学の研究者としてはある意味ダメな学者といわれたかもしれない。

進化論は動物学そのものではない。分類学でもないし、形態学でもない。生物学の主流からはずれた話だった。しかしぼくなどはそれにすごく影響を受けた。

龍一さんはたいへん文章ができる人だったので、いろんなものを書いて生活していたが、学校の先生になるにも解剖ができなければならなかったから、結局、ほかに方法がなかったのかもしれない。

外国語に関心を持ったのも龍一さんの影響だ。ぼくは高校生のころからロシア語の本も読むようになった。妹がロシア語に関心があって勉強していた影響もあるかもしれない。ロシア語でこうならポーランド語ならどうだろう、などと勉強してみるとおもしろく、言語がとても好きになった。

ちゃんとした生物学のみを勉強したのではなく、進化論の概念が横から入ってきたり、実際のいきものも好きだからフィールドにも出たりして、いろいろなことをやってみたからよかったのだろう。正統な学問の道筋だけ学んだのでは分類学の権威にはなれたかもしれないが、新しい考え方にはいたらなかったかもしれない。それも知って、さらにいろいろな外国語も知って、というのがとてもよかったのだろうと思う。

それに加えて、ぼくらは旧制高校だったから、高校生でも死とは、美とは、といったことを盛んに議論した。

そういう素地《そじ》と専門の学問が、ぼくの中でうまく混ざりあったのだろう。非常にうまくからめとったような気がする。おかげで幅広い角度からいきものを見られるようになったのではないかなと思う。

そんなことを考えると、人間はまともな先生についてはいけないのだという気がしてくる。かえってものの見方がせまくなってしまう可能性があるからだ。

その後、いきものを観察しているうちに、ぼくは、人間以外の動物には死がわからないのではないかと思うようになった。

たとえば母猫が死んで動かなくなったとき、仲のよかった娘猫がそばに寄る。

見た目は変わらないから、娘猫はいっしょうけんめい母猫に向かって鳴いたりして、非常に不思議そうな顔をしている。しかし母猫が死んだことはわかっていない。

それにくらべて、人間というのは、どうもそうとう昔から死ということを考えていたらしい。死後のことを全部考えて、政治体制までつくる。こんな動物はほかにはいないと思った。

人間は死を知っているから社会システムをつくり、墓や慰《なぐさ》めの歌といった、さまざまな文化もつくった。そういうふうに発想するととてもおもしろくて、文化人類学にも興味を持った。

要するに、人間と動物の違いは死と美を知っているか否かにあるのだなどということは、まともに生物だけを見ていたら思いつかない話なのだ。

もっとも、いろんなことに興味を持つと、なかなかちゃんとした学者になれないといわれたりもした。あまりものしり屋になるのも幸せなことではないなあと思い、ちゃんとした動物学者になるべく勉強もしたが、やはり自分の中に複数の視点を持つことはユニークな立場を生んだ。

その後、人間とはどういういきものかを考えはじめ、死がいろんなイリュージョンを生み出すという考えをはっきり提唱した。

日本はドイツ哲学の流れが強いのか、しばしば、人間は真実を追究する存在だといわれるが、むしろ真実ではないこと、つまりある種のまぼろしを真実だと思い込む存在だというほうがあたっているのではないか。

まぼろしをまぼろしではないと思い込んでしまったものがイリュージョン。

そう定義すると、人間はほとんどイリュージョンだけで世界をつくっていることが見えてくる。

真実なんてないのだと考えると、不安な気持ちにならないかと聞かれることがある。

ぼくは、真実とか真理という言葉が嫌いだったのだろう。そういうものがほんとうにあるだろうかと、若いころから疑問に思っていた。真理を探究しているなどと聞くと、かえって真理という言葉をつけたものが嫌いになったりするくらいだ。

真理があると思っているよりは、みなイリュージョンなのだと思い、そのつもりで世界を眺《なが》めてごらんなさい。

世界とは、案外、どうにでもなるものだ。人間には論理を組み立てる能力がかなりあるから、筋が通ると、これは真理だと、思えば思えてしまう。

人間といういきものは、そういうあやしげなものだと考え、それですませてしまうこと。それがぼくのいういいかげんさだ。キリキリつきつめていくのはどこかおかしい。

人間はイリュージョンという変なものを持っている存在なのだと認めると、たとえば生物学的に猿と人間は近いというが、ぼくにはそれがかなりいいかげんなことに思える。人間の姿のもとが猿にある、そんなこと、ほんとうかいなと。

動物を見ていると、決してそういうふうに進化していると思えない。鳥のもとは魚だというが、進化ということひとつとっても、そうとうにイリュージョンが入り込んでいるのだろう。

もとのいきものがだんだんに変化して新しいいきものができるかというと、実際には新しいものはパッと段階を飛んでいる。もとより自然とはそういうものではないかとぼくは思うようになった。もちろん、これもほんとうのところはわからないが。

つきつめないほうがいいのだろうと思う。ぼくの本にはいいかげんでとどまっているものがいっぱいある。それは、それ以上いうと、イリュージョンの領域に入っていってしまうからだ。

人間の認識する世界はそういうものだと受けとめるいいかげんさがないと、逆に人間はおかしくなるのではないか。

かたわらにいつも、これはイリュージョンだという悟性《ごせい》を持つこと。

ゆらぎながら、引き裂かれながら、おおいにイリュージョンの世界を楽しめばいいと思うけれど、結局はさじかげんなのだと思う。

宙《そら》に浮くすすめ

これからの時代、人類にとってよい未来を切り開いていくためには、科学者だけでなく、一般の人々も科学を知らなければならない。すべての人間が科学的でなくてはいけない。そんなふうにいわれる。

その発想は何も今に始まったものではなく、戦後からずっと続いてきた風潮だと思う。子どもたちに科学的な見方・考え方を教育する運動というのも十年、二十年前からあった。

自分が研究者と呼ばれる者になり、ぼく自身、そうだ、ぼくは科学をやっているんだ、という気になったころ、ふと気がつくと世の中には、普通の人も日常生活を科学的に考えなければというテレビ番組や新聞・雑誌の記事があふれていた。

「科学的に見ないとちゃんと正しくものが理解できない」

そういう意見を耳にしてぼくは疑問に思った。じゃあ、科学的に見ればちゃんともがわかるというのは、ほんとうのことなんだろうか。そもそも科学というのはそんなにちゃんとしたものなんだろうか。そんなことをつい考えてしまったのだ。

それからは科学的といわれる態度をめぐってずいぶん議論した。科学的にこうだと考えられるという話が、しばらくするとまったく間違いだったということはよくある。

たとえば、ある昆虫が非常に的確に行動しており、獲物《えもの》をつかまえるにはどこから近づいて、相手のどこを狙《ねら》えばいいかちゃんと知っていて、それを実行しているという。

実際にその様子を目撃すると確かにすごいなと思う。そのいきものにはそういう行動のパターンがあり、それに則《のっと》ってハンティングしているという科学的説明がされ、実に納得する。

でもほんとうにずっと観察していると、その説明ではダメな場合もたくさんあるということがわかってくる。

では人間の打ち立てた科学的説明とは、いったい何なのだ。そういうことを思うようになった。

自然界の事例をたくさん見れば、いきものが失敗することはままある。科学的にこういう習性があるから、そのいきものの行動はこのように予想がつくと教わったが、どうもそううまくいかない場合がたくさんあるらしい。

ならば世の中に理屈はないかというと、ないわけではない。

うまくいった場合は、なるほど、こうしたからうまくいったのかということがわかり、うまくいかない場合も、こうしたからまずかったのかということがわかる。

しかし、理屈がわかってもその通りにならないことはたくさんあって、よくわからなくなった。ほんとうにそういうものがあるのか。

こんな議論もした。絵を描くときに、ある色を作り出そうとする。何色と何色を混ぜればその色ができるという理屈はわかっているから、それにしたがうと近い色が出てくる。でも近いだけでその色になるわけではない。

理想通りにうまくいくことのほうがめずらしいのであって、現実にはノイズが入るのが普通ではないか。

つまりこの世はめちゃくちゃなカオスというわけではなく、そこには何か筋道があるらしい。それを探るためには科学的にものを見ることが大切だ。それ以外に、ささやかな筋道すら見つける方法はないということだ。

となるとぼくには、今度は、科学的にものを見るとはどういうことかがわからなくなった。どういうことが科学的な手法なのか。

そのころぼくが手がけた翻訳書のひとつに『鼻行類《びこうるい》』（ハラルト・シュテンプケ著　日高敏隆、羽田節子訳　平凡社ライブラリー）という本がある。今は消滅した群島に生息していたという、鼻で歩く奇妙ないきもののことを記述した本だ。

翻訳しているとき、周囲にはさんざんにいわれた。だいたいそんな動物はいない。そこに書いてある話はうそに決まっているじゃないかと。

ところがそこにはみごとな理屈があり、鼻行類という生物種がいて、その中でも肉食のもの、花に擬態《ぎたい》するものなどさまざまに分かれていて、それぞれどうやって生きているかまで細かく書いてある。解剖図まである。

そういう、いわば理論生物学ともいえる話を、ハラルト・シュテュンプケというドイツ人が考えた。

人間は理屈にしたがってものを考えるので、理屈が通ると実証されなくても信じてしまう。

実は人間の信じているものの大部分はそういうことではないだろうか。

いつもぼくが思っていたのは、科学的にものを見るということも、そういうたぐいのことで、そう信じているからそう思うだけなのではないかということだ。

本来いない動物の話を、あたかもいるように理屈っぽく考えて示すと、人はそれにだまされる。

真《ま》に受けた学生や大学教授もずいぶんいた。正式な問い合わせや標本貸出の依頼もあったくらいだ。

そういう結果になるようなことを、なぜあなたは研究者としてやったのか。はじめからうそだとわかっているものをやるのは研究者としてよくないと、その当時ずいぶん怒られた。

それに対してぼくはこう答えていた。人間はどんな意味であれ、きちんとした筋道がつくとそれを信じ込んでしまうということがおもしろかったので、そのことを笑ってやりたいと思って出したのです。わたしたちはこっけいな動物だということを示したかったのです、と。

すると今度は、あなたは人が悪いといわれた。

そもそも理屈は人間だけのものかというと、そうではない。

こうだからこうなるだろうという推測は動物もしている。

たとえばここにフンがあれば、それを残した動物がわかり、近くにその動物すなわち食いものがあるようだと推察する。どのくらいの理屈かということはあるけれど。

人間の場合は、筋さえつけば現実に存在してしまうというところまでいくのが特徴だ。

鼻行類は、徹底的に理屈をこねるとほんとうに存在することになるという、よい例だろう。

著者は、よくぞそこまでというくらい、いっしょうけんめい考えた。それは、遊びとしてすごくおもしろい遊びで、人間はその遊びがすごく好きなのだ。そしてときにそうした遊びに足もとをすくわれたりもする。そういう動物はほかにいない。

そのことに気がついている人は、『機械の中の幽霊』（日髙敏隆、長野敬訳　ちくま学芸文庫）を書いたアーサー・ケストラーをはじめとして、昔からけっこういる。

ちゃんとした理屈に則っていると思えるような議論をすると、幽霊でも何でも存在すると証明できてしまう。

それをおもしろがるのはよいけれど、理屈にだまされることには気をつけなければ、と思った。そして次に、それで遊んでやろう、あるいは人を遊ばせてやろうと思った。

何が科学的かということとは別に、まず、人間は論理が通れば正しいと考えるほどバカであるという、そのことを知っていることが大事だと思う。

そこをカバーするには、自分の中に複数の視点を持つこと、ひとつのことを違った目で見られることではないかと思う。

一般の人は科学の目で、逆に科学者は一般の人の目でものを見ると、いつもとは別の見方が開けるだろう。誰にとってもものごとを相対化して見ることは必要だ。

普通、我々は、科学的な目とは、あるパターンのものの見方だと思っている。

日常、人々はいちいち科学的なパターンでものを見ないから、正しくないようにいわれるがそんなことはない。

正しく見えることと、ほんとうに正しいかどうかは関係ない。そう見れば見えるというだけの話だ。

まだ若手の研究者だったころから、ずいぶんそういう議論をしてきた。

相手は自分たちを進歩的だと思っている科学者の会だったりしたから、その人たちにはきっとどうしようもない人間だと思われていただろう。

しかしぼくは、科学もひとつのものの見方にすぎないと教えてくれるいくつかの書物に早く出会えて、ほんとうによかったと思っている。

おかげで科学によって正しい世界が見えると信じ込む人間にならずにすんだ。

西欧はキリスト教という一神教を信じるがゆえに、絶対の神の法則を解き明かす科学が発展したという。

しかしぼくの学んだフランスは、西欧の一部ではあるが、西欧的になっていない人が、数少ないながらもいるところだった。

その意味でヨーロッパの知識層はすごいと思っている。生きる自信を宗教に頼らない層がちゃんとある。もちろんキリスト教に頼る一般の人々は非常に多いけれど。

そういう、西欧的でない人は絶えず悩みながら生きている。楽ではないから。

でもそういう人たちに出会ったときは、非常にうれしかった。

彼らはものごとを相対化して見るツールのひとつとして科学を使っている。科学が絶対と信じ、それを唯一のものの見方とする姿勢ではないのだ。

神であれ、科学であれ、ひとつのことにしがみついて精神の基盤とすることは、これまでの人類が抱えてきた弱さ、幼さであり、これからはそういう人間精神の基盤をも相対化しないといけないのではないか。

頼るものがあるほうが人間は楽だ。それにしたがい、疑問には目をつぶればいいのだから。

でも引きこもりやカルト、無差別殺人といったさまざまな現代の問題には、どれも自分の精神のよって立つところを求めて、暗い洞窟《どうくつ》に入り込んでいった様子が見える。

どんなものの見方も相対化して考えてごらんなさい。科学もそのうちのひとつの見方として。

自分の精神のよって立つところに、いっさい、これは絶対というところはないと思うと不安になるが、その不安の中で、もがきながら耐えることが、これから生きていくことになるのではないかとぼくは思う。

近い将来、人類はほんとうに無重力空間に出ていく。

ならばその精神もまた同じように、絶対のよりどころのない状態をよしとできるように成長することが大切ではないだろうか。

それはとても不安定だけれど、それでこそ、生きていくことが楽しくなるのではないだろうか。

よって立つ地面はないということが、物理的な意味でも精神的な意味でもこれからの人間の最大のテーマなのだと思う。あるものに否応《いやおう》なくのっかり、それに頼って生きていくのはこれまでの話、普通の話という気がする。

科学者として話をしてくださいとよく頼まれる。ぼくはずっとそれが不満だった。

科学だけではつまらないでしょう？　知性というもの、それがあるということはどういうことか、そういう話をしたい。

それはやわらかで何ものにも縛られない。科学ではなく知性こそが、このいきもののほんとうの力だと思っている。

それは遺伝か学習か

学会を立ち上げるくらいだから、きっと日高さんは子どものころからいきものの行動のおもしろさに気づいていたのでしょう？　と尋ねられることがある。そうだといえば格好いいが、やはりそれは研究者になってから気づいたことだと思う。二十代のころからさまざまな人の話を聞き、書いたものを読むうちに、だんだん、動物行動のなぜを知る学問が気になってきた。

ある動物がなぜそのような行動をとるか。答えを知るために動物行動学では観察や実験によって行動のメカニズムや発達のしかたを考える。そのとき、いつも取り上げられるのが、その行動は生得的《せいとく》（遺伝）か後天的（学習）かという問題だ。

議論は戦前から現在までずっと続いているが、そこにいちばん大きな影響を与えているのは、科学そのものというより、それぞれの時代の感覚ではないかと思う。つまり、それほど理論的に話が進んでいるわけではない気がするのだ。

日本では戦前はいろいろなものが最初から決まっておりますという話が主流だった。それが戦後、いや、そうではないのであって、という方向に変わった。ちょうど進化論が脚光を浴びてきたころで、そういう新しい議論もすっと受け入れられた。一般の人の考え方も、カミサマがこう決めたのだといわれるとそう思ってしまうような時代から、いや、そうではない、我々人間の勉強が足りないんだと思うような時代に変わった。

昆虫についても、本能で生きているといわれるが、その本能も生得的なものではないと考えなくてはいけないのではないかと主張する研究者が出てきた。

時代の思想とは強烈なもので、当時はそういわれると、そう考えなくてはいけないのかもしれないと思ったりした。

そんなふうに戦後しばらくは、日本でも世界でも、人間を含めたいきものの行動は、生まれたあとから周りの環境によって変えられるという時代風潮が続き、生まれつきの本能があるという言い方はおかしいといわれた。

しかしやがて、ほんとうにそうなのかという声が高くなり、近年は再びいきものにはやはりガチッと決まった本能の部分があるのではないかという話になっている。

一方が強く主張する時代があり、またその反論の時代があり。遺伝か学習かの問題は、延々と振り子のように両方のあいだで揺れをくり返している。

なぜ我々はいっしょうけんめいそんな議論をするのか。ぼくはそのおおもとは戦争だと思っている。

その行動が生得的か後天的かということは、我々全員の身のふり方に関わってくるのだ。

人間はもともと戦争するようにできているいきものなのか、戦争は避けられないのか。それとも、正しい考え方と正しい環境の中にあれば戦争は起きないのか。

たぶんそのようなことがいちばん現実的な問いだろう。

戦争はなくしたいとみな本気で思っている。ないほうがいいと思っているのに起こるのはなぜか。

学習が足りないからか。本来なくならないものなのか。

もっとも、絶えずそんな議論をしながら戦争をしてきているわけだけれども。どんな学問も人間のその後のあり方に返ってくるものがある。動物行動学もそのひとつだ。

戦争を好きな人はいないのにそれが起こってしまうという問題にどういう態度をとるか。それが人間を含むいきものの行動を研究することに関心が集まる背景ではないかと思う。

では人間はほんとうに戦い合うことをやめられないのだろうか。

いろいろな例を眺めてみると、どうも本来戦ういきものというわけではなく、状況によって、下手をすると戦いになったり、ならなかったりしている。また、戦わないことが必ずしもよい結果につながらないこともある。

そのように現実のものごとは複雑におさまっているのではないか。

だから動物行動学では、人間は単純にどういうものと定義するのではなく、行動によっていろんなことが起こるから行動を研究しなくてはならないというふうに考える。

遺伝か学習かを問題にするのは、どういう場合に生得的になり、後天的になるのか、その条件を明らかにしたいからだ。どういうときにはどうなる、なぜ、いかなる理由によって、ということを詳しく示そうとする。

昔は○○は××であるとスパッと明らかにするのが学問で、学問とは結論を出すものだと思われていた。それが十八世紀くらいからの積み重ねが進み、結論にいろいろな条件や理由がついてきて、それをていねいに探るのが学問であるというふうに変わってきた。

それは人間の見方を変えることにもつながっていったと思う。今の学問は探っていくこと、答えが見えなくても探ることに意味がある。

かつてはカミサマがそう決めたという単純な理由で納得したかもしれないが、やっと人間はそのレベルを超えて自分の頭で考えはじめたということだろう。その代わり、学問の成果は断定ではなく、△△の可能性が高いというような、曖昧模糊《あいまいもこ》としたいい方になってきた。

人間は、これは何だろうと思うと探らなくては気がすまないいきものだ。それは単に好奇心という言葉で表せるような程度ではなく、もっと深い、人間本来の何かだと思う。

それが何かぼくにはよくわからないが、まじめに議論しはじめるとエライことになるような気がする。

もちろん、「これは何だろう?」と思わない動物はいない。水族館だって魚が人間をこれは何だろうと見ている。食えるかな、怖いかな、のどちらかだろうと思うけれど。

答えが得られるかどうかは別にして、何なのだろうという疑問はすべての動物が持っている。それは好奇心よりももっと漠然としたものではないだろうか。どういう動物も目の前のものに対して疑問を持ち、それによって生きている。周りの危険を知り、食べられるものを探る。

人間の場合はじっと見るだけでなく、さわったり実験したりして、理屈や目的をつけたりする。学問はその最たるものかもしれない。

解明すると快感、というよりも、解明せずにはいられない、解明して得にならないことがわかっていても、つい探ってしまう、探らなくてはいけないという気持ち。いいかえれば、それが人間の最も生得的なところではないだろうか。

ぼくが翻訳した本の中にデズモンド・モリスの『裸のサル』(日高敏隆訳　角川文庫)がある。人間を体毛のないサルと見立て、文化的だと思っている行動がどれほど動物的本能に支配されているかを鋭く考察した書だ。

影響を受けたという人は多い。ああいう本がかつてなかったということもあるだろう。モリスの見方にショックを受けたという人がたくさんいる。

ただあの本は学問とは違う位置にあることに注意してほしい。

モリスは動物学者《ゾーロジスト》ではなく、動物学《ゾーロジー》で食べている随筆家《エッセイスト》だ。ゾーロジストならちゃんとしたことを書かなくてはいけないが、エッセイストだから自分の思ったことを書いた。それがかえって影響力があった。人間というのはこういうものではないか、ということを、軽々といってしまう。すると、そうか、と思う人がたくさん出てきた。

随筆《エッセイ》だということが大事で、エッセイストとしての立場ではずいぶん大胆なことをいえるのだ。

『裸のサル』は、人間の行動が動物としての生まれつきのものなのか、人間として教えられたものなのかをおもしろく大胆にとらえ直したエッセイだ。

しかしそれは動物行動学の中では結局、両方あるんです、という話になる。両方がからみあったものですという、わけのわからない、実におもしろくない話になる。

だが、実際にはそれがいちばん確かなことだろう。サルといえば、京大には霊長類の中の差異を調べ、サルと人類との違いを研究するサル学の伝統があり、すぐ隣の部屋で研究が進められていたが、あまり交流はなかった。

動物行動学の立場から見ると、なぜそうした差異が問題になるのかなと思った。確かに、だんだんに言語化されていくサルという道筋があり、言語が入って進化のうえでポンと飛ぶところはあって、それが人間の大きく違うところだというが、ぼくは本質的にそんなに違いはないのではないかと思っている。

そのへんがあまり話の合わないところで、サル学の研究者たちとは議論してもかみあわないからあまりしなかった。

動物によって違いがあるということよりも、いきものにはもっと根本的な共通の不思議があると、ぼくは昔からずっと思っている。

今はそれこそ時代の風潮に合わせてか、そのいきものは何ができるか、という話にすぐなってしまうが、何かできるのが上、という考え方ではなく、パターンが違うのだと考えてみたらよい。世の中の見方は、あまりにも進化論の方向に振れすぎたのではないだろうか。

一九六〇年代から進んだバージェス頁岩《けつがん》動物群の研究によって、カンブリア爆発という、いきものの系統樹における多様な違いがバッといっぺんに出てきたことがわかり、ぼくも最初は進化論にのせられていたから、自然淘汰《とうた》とは関係なく、いきなりいろんなものが出てきたという話にはすごくショックを受けた。

いったいそれは何なのだろう、と今でもそういう気持ちでいる。

それぞれの動物はほかの動物からずるずる進化したとは、ぼくには見えない。進化はジャンプして起こるということはどういうことか、ずっと考えている。

今でこそこんなふうに話せるが、以前はとうてい口にできなかった。だから何でも思い込むな、とくり返しいう。

遺伝と学習、サルと人間、自然淘汰とカンブリア爆発。立場や時代に合わせて振り子は揺れる。

しかし揺れる振り子の、その奥にあるいきものの根本をじっと見つめ、それはいったい何なのだろうと、わからなくても探り続ければいいのだろうと思う。

コスタリカを旅して

二〇〇八年の夏、中央アメリカのコスタリカ共和国を訪れた。

国の広さは日本の九州と四国を合わせたほどだが、中央に活発な火山帯があり、さらにカリブ海と太平洋というふたつの海からの影響を受けて、多様な気候と生態系を有している。

コスタリカには地球上の動植物の約五パーセントが集中しているといわれ、一九七〇年代以降、森をよみがえらせるために世界でも先進的な環境保護政策がとられている。

国土の四分の一は国立公園や自然保護区であり、めずらしい虫や鳥、動物との出会いを求めて各国から人々がエコツアーに訪れる。

ぼくは東南アジアとアフリカには行ったことがあるけれども、新熱帯（※コスタリカを含む中南米の生物地理区を新熱帯区《ネオトロピカル・リジョン》という。生物地理区とは生物の分布によって八つに大別される地球上の地理区分）には行ったことがなかったので、そこの熱帯雨林《ジャングル》とはどういうものか、一度、自分の目で見てみたいと思っていた。

昔から熱帯雨林には単純なあこがれがあった。ターザンではないが、いろいろな本で読んで、へえ、すごいなあ、行ってみたいなあとずっと思っていた。最初にアフリカに行く機会に恵まれたが、アフリカ大陸全体は非常に乾燥した土地で、思ったほど暑いところではなく、ぼくの訪れた範囲では熱帯雨林らしきものを見かけなかった。

その後、東南アジアに行き、そこには確かに熱帯雨林といえるところがたくさんあった。とにかく湿っていて、木がたくさんあり、さまざまな植物と動物で満ちている。本物の熱帯雨林はそれまで本を読んで勝手につくったイメージとだいぶ違っていて、非常に感激だった。

しかしコスタリカに行ってみると、新熱帯の森林は、正直いってずいぶん違うなあと思った。もちろんアジア、アフリカのそれとは違うと知っていたけれども。

ぼくが感じた根本的な違いは、これはいわゆる森林という格好のものではないということだ。

どこが違うかといわれると困るが、一回、人間がかなり優位になったことのある場所という印象だった。

アジアでもアフリカでも、人間が一度自然に手を入れてしまうと完全にはもとに戻らないという例を見てきた。

たとえばアフリカに行ったときは、かつての熱帯雨林の話を聞いているからすごく期待して行くが、実際にそこで見る森はなんだか情けない感じなのだ。人間が手を入れると、その前の自然には二度と戻らないのではないかという気がする。

人間の介入というのはそれほど大きな影響をおよぼすのだ。コスタリカではそのことがいちばん印象に残った。

別のいい方をすれば、そこで見たものは人間というものの自覚のなさをよく表していると思った。

自然はすばらしい。普通、みなそういう印象を持っている。

しかしぼくは、人間はここまで破壊的なのかという印象を持つ。

むろん地球上にはまだ人間が足を踏み入れたことのない森が残っているだろう。が、たいていのところにはもう人間が入ってしまっている。入らなくても大気汚染や温暖化はしのびよる。

仮に自分たちは自然を壊さない、伝統的なやり方で森に入っているという者がいても、刃物などを持つなら、もうそのダメージはもとに戻らないほど深いと考えるほうが適切ではないか。

自然はすごいというより、人間がすさまじいと思う。これから我々人間はそういう自覚を持つほうがいいのではないか。

子どものころお話に聞いたような熱帯の自然はもうほとんどないかもしれない

と認識することは、ぼくにとって非常に大事なことで、残念でもあり、悲しいことでもあった。

ほんとうの自然の森には道もなければ知識も、地理も、名前も、何もないはずだ。そのような自然のままの自然、自然のままの大森林はもはやほとんどない。どこか奥地に行くとあるのではないかと思っている人は多いと思うが、そうではないと知る必要があるだろう。

ぼくらはもはやそんな時代にはいないのだ。

熱帯の自然に対するイメージは変わり、これからは、残された自然からもとはどうだったのかを想像するくらいしかできないのではないか。

総合地球環境学研究所のときもよくアドバイスをしたのは、環境を研究するとき、そこには必ず人間が関わることになる、どこまで手をつけたかを意識したうえで自然を見なくてはいけないということだ。

ああ、これは手つかずの自然だなんて、うっかり思ってはいけない。人間が入ったらもはやそこは自然ではないのだから、人間が入っていないように考えてはいけない。それを重々認識したほうがいいという話をたびたびした。

それは物理学における観察者と観察される粒子の話とよく似ている。粒子は観察されたとたん、それまでとふるまいが変わる。人間の関わり自体が、関わる現象を変化させる。

人間というものは、大きな自然に対しても、極小の自然に対しても、結局同じ問題を抱えざるをえないのかもしれない。

それと違って人間以外の動物は、自分がつかまえて食う動物に対する影響はあるだろうが、それ以外の動物や環境に対する影響はあまりない。少なくとも動物は環境を変えようとは思っていない。

その違いが人間の持つ重要な意味ではないだろうか。

ほかの動物が生きているということを、いちいち考えている動物はいない。ところが人間は考える。

動物も生きている、人間も生きている、なんて考えはじめたら、それ自体もうすでに素直なことではなく、人間中心主義になっている。

動物と同じ、人間は自然の前に無力だといいながら強烈なことをやっているということを、人間自身もうそろそろ認識したほうがいい。

自然は壊れないと気楽に思っているかもしれないが、そんな甘いものではないということを意識してみることだ。それは人間が持っている自然観を根本的にひっくり返すような世界の見方かもしれないが。

西洋の書物を見ても「ほんとうの自然」という言葉が簡単に出てくる。

人間は自然を征服するものだと思っている西洋の人間でさえ、壊れないところに本物の自然があると思っている。それはお話、イリュージョンとしては成り立つかもしれないが、やっぱり気をつけていないと危ないなとぼくは感じる。

人間がいかに破壊的かという見方に立てば、簡単に「自然を守りましょう」なんていえなくなる。

原始の人間は自然の中で自然に暮らしていたといわれるが、ほんとうにそうなのか。何らかの手はつけていたのではないだろうか。

さらに近代の人間は他とは異なる存在としての人間観というものを確立した。人間は人間である、と。

その意識がある以上、人間は人間以外のものと本来的に対立している。それを忘れると、きわめていいかげんなことになるのではないか。

月、火星、木星の衛星エウロパと、これからの時代、人間が利用し、関わりを持とうとする環境は地球だけではなくなるだろう。

そこに行く、食う、住むなど、人間が何かしようと思えば、とたんに人間の影響がダーッとなだれ込む。

どこかの環境に手をつけない形で人間が入るなど、もし、できるといわれてもほんとうかと疑ったほうがよい。

人間は自然を破壊するものだ。

そうはっきり認識しておくほうが、よっぽど自然を守ることにつながる。守っているといいながら破壊している人間がたくさんいるのだから。

コスタリカには、一九九七年に京都賞を受賞したペンシルバニア大学のD・H・ジャンセン博士がいて、ぼくは委員会のメンバーとして彼への授賞に関わったことがある。

彼は熱帯とそこに棲《す》むいきものの消失を食い止めるには、人間がそのすべてを「庭」として管理することが必要だと主張している。

庭の外の手つかずの自然を認めて放置するか、それともすべての自然にあえて手をつけ、人間の庭とするか。

よいと思うかどうかは別にして、人間という動物は、やはりどうも全部を庭にしていく方向しかない動物なのではないかという気がしている。

コスタリカで少し昆虫採集をした。

科学者が調査目的で国の許可を得ている場合以外、コスタリカでは一般人が虫を捕ることは禁止されている。子どもが虫捕り網を振るう姿も見られない。

しかし要は数の問題だろう。どれだけの数のどういう種類のいきものがいるというバランスのうえに自然が成り立っているのであって、それがくずれない見通しが立つならば、本来、子どもが二匹や三匹虫を捕ってもいいはずだ。

ただし、無邪気な子どもも何千人いればまた別だ。子どもが捕る一個体が全体に対してどういう影響を持つか、見通せることが大事だと考える。

子どものころ、ぼくはチョウを捕ることが好きだった。それは捕って見ることがチョウをちゃんとわかることだったからだ。飛んでいるときには見えなかった細部がわかったり、本で調べたりすることができた。

だから一匹か二匹捕ったらそれでよかった。

どんな虫かがわかるというのは決して悪いことではない。それも禁止したら人間は自然と付き合えなくなる。

コスタリカの子どもたちがチョウを捕ってはならず、飛んでいる姿しか見られないという状態は、子どもたちがほんとうにいきものをわかることにつながらないだろうと思う。人間には知的な好奇心があり、それはとても大事なことなのに、いきものをつかまえてはいけないとなると、自然とうまく付き合えない大人に成長するかもしれない。

自然と知りあうことで学んでいくのが人間だ。

その素朴な感覚は大事だと思う。

昆虫採集にキャッチアンドリリースは、あえて必要ないと思っている。むしろつかまえたら殺して、標本にして、よく見ることをおすすめする。こんな虫かと。それがよくわかればそれでいい。

数を集めるということは必要ないし、おすすめしない。

コレクターではなく、「見て知る」者になってほしい。

それが、人間という、無邪気ながらも恐ろしい破壊者になっていく道から抜け出す回路のひとつかもしれないと思う。

いろんな生き方があっていい

ぼくは猫が好きで、ずっと飼っている。

猫たちはどのように生きているか、なぜそういう生き方か。見ていて飽きない。そういう小さな日常の感覚と、学問として環境や生態といった大きな自然のシステムを研究することは、一見関係ないように見えて、実は同じ地平でつながっている。

しかし最近は、いってみれば猫などの動物を通じて環境を知ろうというような研究や教育のアプローチが盛んだ。

それでいいのだろうか。大事なことはまず、猫はどんな動物か、犬とどう違うかを具体的に知ることではないだろうか。

今の生態学には環境という考えが入りすぎているのではないかと思っている。

猫の生態を知るために、猫そのものを調べるのではなく、猫がどういう環境を持っているか調べましょうというのは、話の順番が違うのではないか。

環境にしろ生態にしろ、相手にしているのは漠然とした正体のわからないものだ。学問とは本来、そういう大きな疑問の、まずどこから手をつければいいかを考えるもので、猫は、少しでも具体的にわかるところから疑問を解いてみようとするひとつの事例にすぎない。

部分がわかったからといって全体がわかったことにはならないということに、研究者はもっと注意するほうがいいのではないだろうか。学問の本質と目の前のテーマとの関係を、はっきり知っておくことが大切だと思う。

自然現象は幅広い。

人間が調べたひとつやふたつの要素でできあがっているのではないということをちゃんと認識することがいちばん重要で、おおげさにいえば、それは我々が自然とはどういうものかを基本的にどのように認識するかということに関係してくるだろう。

人間には自然を破壊することはできてもコントロールすることはできない。ぼくはそう思っている。

ある時代から人間は、科学の力で自然を制御できると思いはじめ、今もそう信じているが、それは根本的な間違いだ。

自然には人間がわかっている以上のたくさんの変数があり、自然をいじってダメにすることはできるけれども操《あやつ》ることはできない。

ちょうど、何も知らない素人《しろうと》が、電車を止めることはできても、電車全体を運行させることはできないように。

自然を動かしているシステムはもっと複雑だ。

だからこそ環境や生態といった自然を対象とする研究は、具体例から進めていくのがいいと考える。人間にはそれしかできないはずなのだ。

もちろん、原子力や遺伝子の操作のように、人間は自然現象の一部分を止めたり進めたりはできるようになったかもしれない。ほかの動物にくらべれば、少しできるようになったのだろう。

しかし全部は無理だ。それでいばってしまったらおしまいだ。その意味で、地球温暖化もそう簡単に止められないだろうと思う。化石燃料が大気のバランスを壊す一因になったとは思うが、気候変動そのものは、地球に人類が生まれる前から起こっている複雑な自然現象だ。

科学のおかげで人間はいろいろなことをできるようになったが、それで自然全体をコントロールできると思うのは非常に危険だという気がする。

いきものの生態を観察するために、アクアリウムや飼育箱のような限られた実験空間が必要なことがある。

ぼくはもともとそうやっていきものやその環境をコントロールすること自体にあまり興味がない。しかしそういうことが好きな人もいて、困ったことに、そのほうが科学的だと思われている。

科学とはすなわちコントロールすること、そして人間は科学ができ、ほかの動物はできない。

限られた箱の世界をのぞき込むうちに、そういう認識を育ててしまいやすいことには気をつけなくてはならないだろう。

ただぼく自身、チョウのさなぎの色が変わる原因を調べたり、ハチの生育条件を探ったりするのに、飼育箱はおおいに利用した。

自然をコントロールしている変数を知ることに興味がないのではなく、自然の中でどうしてこういうことが起こっているのかを知りたいのだ。

わかるとそれはうれしい。でも、だからといって自然を変えていけるとは思わない。そんなふうに考えたこともない。

いったい何が原因なのか、ということを知りたいだけだ。

一九六四年の夏、フランスのブルターニュで、恩師、パリ大学のボードワン先生に連れられ、海の底に棲むエポフィルスという昆虫を見に行ったときのことを、よく覚えている。

潮が引くのを追いかけて、沖に二、三キロ歩いただろうか。満潮になれば二十メートルの深さに沈む岩場の割れ目に、エポフィルスはいた。命がけで見に行った。時間を計って、潮が満ちてきたら急いで戻った。海が戻る水の流れは川のような速さだった。そんな危険を冒すのは、ある意味ばからしいことかもしれない。だが、つくづくいきものというのは大したことをやっていると実感した。

そういう虫がいて、人間が知らないうちに、ちゃんと動いている。海の底の有機物をエサにしている。それればかり食っているやつも、関係ないやつもいる。朝食うやつもいる。夜食うやつもいる。でも朝食うなら、その時間に潮が引かなければ人間には見ることができない。

そんなふうに、この海にはほかにも、ぼくらの想像もつかない変ないきものがたくさんいるのだろう。そう思った。

また、ぼくは昔からガという虫が好きだ。そもそも、なぜ昼間飛ばないで夜飛ぶのだろうというところに興味がある。

昼間飛んだらいいじゃないか。暗いと敵がいなくて安全だというが、夜に出てきてエサを探す敵もいる。暗ければ安全とは決していえないだろう。

実際に、昼間飛ぶガもいる。それは夜飛ぶガの苦労はしていないはずだ。それでも夜飛ぶなら、昼間飛ぶよりどこがいいのだろう、などと考えているとますますなぜ夜飛ぶのか、わからなくなってくる。

それぞれに、それぞれの生き方があるのだ、といういいかげんな答えしか残らない。

それなりに苦労しているんだ、としかいいようがない。

しかし、それなりに、どういう苦労をしているのだろうということを、いろいろ考えてみるのがおもしろい。それは哲学的な思考実験に似ている。

エポフィルスにせよ、ガにせよ、苦労するには苦労するだけの原因があり、仕組みがある。それは何かということを探るのだ。

たとえば節足《せっそく》動物は、なぜ節足動物になってしまったか、ということから考える。たまたま祖先がそうだったから、彼らは体節を連ねる外骨格の動物になっていった。

すると体の構造上、頭の中を食道が通り抜けることになり、脳を発達させると食道にしわ寄せがいくようになった。ではどうしたらいいか。

樹液や体液、血液といった液状のエサを摂《と》ることにした。それが、その形で何とか生き延びる方法だった。節足動物といういきものは、そういう苦労をしている。

動物学では、現在の動物の形が必ずしも最善とは考えない。

そうならざるをえない原因があり、その形で何とか生きているのだと考える。

なぜそういう格好をして生きているのか、その結果、どういう生き方をしているのか。そういった根本の問題を追究するのが動物学という学問なのだと思う。

いろいろないきものを見ていくと、こんな生き方もできるんだなあ、そのためにはこういう仕組みがあって、こういう苦労があるのか、なるほど、それでやっと生きていられるのか、ということが、それぞれにわかる。

わかってみると感激する。その形でしか生きていけない理由を、たくさん知れば知るほど感心する。

その感激は、原始的といわれるクラゲのような腔腸《こうちょう》動物でも、高等といわれるほ乳類でもまったく同じだ。

このごろ、よく、生物多様性はなぜ大事なのですかと聞かれる。ぼくは、簡単に説明するときはこんなふうにいう。

生態系の豊かさが失われると人間の食べものもなくなります。食べものも、もとは全部いきもので、人間がそれを一から作れるわけではないのですから、いろんなものがいなければいけないのです、と。

ただそれは少し説明を省略したいい方で、ほんとうは、あらゆるいきものにはそれぞれに生きる理由があるからだと思っている。

理由がわかって何の役に立つ、といわれれば、何の役にも立ちませんよ、というほかない。しかし役に立てるためだったら、こんな格好をしていないほうがいいというものがたくさんある。

人間も、今こういう格好をしているが、それが優れた形かどうかはわからない。これでも生きていけるという説明はつくけれども。

だからこそ動物学では、海の底のいきものも人間も、どちらが進化していてどちらが上、という発想をしない。

いろんないきものの生き方をたくさん勉強するといいと思う。ぼくはそれでとてもおもしろかったし、そうすることで、不思議に広く深く、静かなものの見方ができるようになるだろう。

いきものは全部、いろいろあるんだな、あっていいんだな、ということになる。つまりそれが、生物多様性ということなのだと思う。

行ってごらん、会ってごらん

ぼくの弟子のひとりに、現在、京都大学野生動物研究センターの教授である、幸島《こうしま》司郎君がいる。

先日久しぶりに会い、彼が学生のころ、京大理学部の日高研（日高研究室）に初めて来たときの話になった。

幸島君は山男で、自分の研究テーマも山に行けるものがいいと思い、雪山が好きだという話をした。ぼくは、もう覚えていないが、彼に、では、山で不思議なことを見つけてらっしゃいといったそうだ。

それで彼は雪山に行き、偶然スキーで転んだ。すると目の前を体長八ミリほどの小さな黒い虫が歩いていた。

さすがにこの虫は知らないだろうと思ってぼくに見せたら、知っていたので驚いたそうだが、それはセッケイカワゲラという名前の虫だった。

ぼくがそれを最初に見たのは中学生のときだ。成城学園の生物部に所属していたとき、山岳部と合同だったのではないかと思うが、白馬の雪渓に行く機会があった。

山登りの人は山を見て歩く。雪渓を歩いていても虫など気にしない。ぼくは、雪渓は好きだけれども、雪渓そのものには関心がなく、むしろそこにどんな虫がいるだろうということに関心があった。それにこちらは山歩きが下手なので、絶えず地べたを見て歩くから虫を見つけやすかったということもあるかもしれない。

セッケイカワゲラは黒い虫で、太陽光をよく吸収できる。雪渓そのものに虫はあまりいないが、そういう虫はいるということを聞いていたので、どんな虫かと思っていた。

カワゲラ類ということは見ればすぐわかるから、雪の上で見つけたときは、ああ、これかと思った。ぼくは基本的に虫が好きだから一度見たら忘れない。中でも、初めて見たときの記憶は強烈に残っているものだ。

幸島君は、セッケイカワゲラが雪の上を延々と沢の上流目指して歩くこと、そのために太陽コンパスを使い、斜面の最大傾斜方向を測っていることなどを明らかにした。

彼はのちにヒマラヤの氷河で新種の昆虫ヒョウガユスリカなどを発見している。雪と氷の世界にもちゃんといきものがいて食物連鎖があるのだ。

ぼくのアドバイスはその後も長く役に立っているという。

イルカを研究したいという弟子がいて、それなら水族館に行って不思議なことを見つけてこいと、幸島君が助言したところ、彼はずっと水槽の前でイルカを見ていて、どうやって寝ているかわからないといいだした。

そこから調べて、バンドウイルカの母子は泳ぎながら眠るということがわかり、イギリスの科学雑誌「ネイチャー」に報告した（二〇〇六年）。

不思議なことを見つけて探るという研究姿勢が、今もそのように引き継がれているのはうれしいことだと思う。

生物学者の中には、名前もないような地味ないきものを調べなくても生物学は進むのではないかという人がいる。

ぼくも生物学者のひとりだが、生物学が好きなのではなくて、生物が好きなのだ。こんなところにこんな虫がいて、こんな生き方をしているということがおもしろい。それが生物学にとってどんな意味を持っているかを考えたことはまずない。

ただ、そういう態度は生物好きなだけで学者ではないといわれ、若いころはずっとそういう見方との戦いだったように思う。

そんなぼくを教授に引き立ててくれたのは東大動物学講座の竹脇潔さんだ。また、文筆家の八杉龍一さんは、『植物とわたしたち』（ヴェルジーリン著　岩波書店）の共訳という形で、ぼくに書き手としての道を開いてくれた。

出版社側は、手伝ってもらうからといって訳者として日高の名前まで出すことはないのでは、と八杉さんにいったらしい。しかし八杉さんは、二人一緒でなければこの仕事はやらないという姿勢に徹し、あとでそれを聞いてほんとうにありがたいと思った。

その後、いろいろな仕事が入るようになり、自分がすごく困っていたときに引っぱってくれた先輩に恩返しをしたいと思うようになったけれども、本人に返すだけならお礼をしたことにならないと思った。

だからその後ずっと、その方々がそうしたように、ぼくもまた次の若い人、新しい人を引き立てるように心がけている。そのほうが世の中のためになり、ほんとうのお礼になると思うからだ。

昆虫写真家の海野《うんの》和男君は、ぼくが東京農工大学にいたころの教え子だ。

海野君などは「先生は何もしてくれなかったからぼくは伸びた」という。その通りだろうと思う。彼は思いついたことは何でもやり、身近なものを使って自分で工夫していた。

ぼくの周りに集まる学生は、ぼくにくっついて教えてもらって、というタイプではない。ぼくを頂点とする縦の社会ではなく、たまたま横に座って弟子同士、知りあうかもしれないが、ひとりひとりがそれぞれの考えややりたいことを持ち、ぼくと緩やかにつながる関係だと思う。

フランスのパリ大学のボードワン先生とぼくの関係もそうだった。研究室があるわけではなく、ぼくも先生とつながっている研究者のひとりというだけだった。ほかのところだと、教授の下にバッと助手や学生のピラミッドがあるようなケースもあった。ピラミッドがあれば、成果の上がる教授は偉くなっていく。

でも何だかそれは苦しそうで、つまらない関係だなあという気がしていた。いいかえるなら、ぼくはボードワン先生に親炙《しんしゃ》していたといえるだろう。

いいかげんな話だが、一九六二年に物理学者たちが日本に来たとき、中にひとり、動物学者のボードワン先生が交じっていて、物理の人たちは困ってしまっていた。この人をどう世話したらいいだろう、ということで同じ動物学者のぼくのところに話がきた。

それがきっかけで先生と自然に関係が深くなっていったのだ。しかるべき公の筋にのってとか、何かの学会、学派があって結ばれた縁ではない。

当時、そういう自由な関係が許されたことは、ある意味、運がよかったと思う。先生と呼びたい人のところには、すっと訪ねていってドアを叩《たた》くことができた。テストや紹介状を通して話をつけ、弟子になるなどという手続きを踏まなくてよかった。

そういう組織ではない師弟のつながり方を見て、こういうものもいいなと思った。ぼくは何学の研究組織というようなところに入りたくなかったし、幸か不幸か、やりたい分野の研究室もなかった。損しているなあと思ったこともずいぶんあるが、それはそれでよかったと思う。

今もぼくは人と接するときは同じようにしている。

家を訪ねていいですか、といわれたら、いいですよ、会いましょうという。

たとえばもし、少年が弟子になりたいとやってきたら、面倒だけれども付き合うと思う。直接会って、どういうふうに虫が好きか、何をやりたいか詳しく聞く。こちらは教えるつもりはないので、単にチョウが好きだ、というだけではおもしろくないし、相手にはできないと思うが、自分でこんなことをやっています、ということなら、それが突破口になったり、一緒に光を見つけることはできる。人と人とはまったく出会いだから、その後どうなるかはそれぞれ違う。

お母さんが付き添って小学生が来たこともあるが、中学生でも高校生でも、年齢は関係ないと思っている。とにかく、自分でいってくる人を相手にする。子どもたちは何かの研究組織に入っているわけではないから、突然、タノモウとやってくる。京大の研究室にも、勝手に遊びにきて仲間になってしまう若者がいっぱいいいた。

みな出たり入ったり、勝手に私淑してくる。ジャズピアニストの山下洋輔さんも、サックス奏者でミジンコ研究家の坂田明さんも、そうやって仲間になっていった。

都合が悪ければ、お互いそう思うだろうから、自然と離れていくだろう。でも相手の話を聞いて、それはおもしろいということになったら、こちらものるということだ。

今までずっとそのように、出たとこ勝負でやってきた。人と会うということについて、ぼくは、全然計画的ではない。

教育システムをつくっているわけではないから、ぼくは、やってくる人の話し相手になっているのだと思っている。人を教育するというのは好きではない。人が勝手に自分から取れるものは取っていって育っていけばいいと思う。

大事なことはシステムではない。何でもやってみなさいよ、というのがぼくの基本的な立場だ。

会いたい先達《せんだつ》がいたら、素直に直接ドアをノックしてみるといい。

案外、その人は、あとに続く世代を引き立てたい、訪ねてくる人にはいつでも会おうと思っているかもしれない。

そのようにして人はつながってきたと思うし、ぼくもそうしてきた。これからも、それを続ければいいのではないだろうか。

イリュージョンなしに世界は見えない

東京から京都に越してくると、生活の風習や人との付き合い方の違いに戸惑うのではないかといわれることがある。

中には念願かなってこちらに移り住んでも、しばらくするとノイローゼになって東京に帰っていく人もいるから、結局なじめない場合もあるのだろう。

いろいろな例を見ていると、京都に変なあこがれや畏怖《いふ》を持ってやってきた人は、かえってそうなりやすいかもしれないという気がする。

ぼくの場合、特別なことは考えなかった。言葉は、周りに関西出身の友人がいたせいか、東京にいるときから関西弁を使っていた。そやからな、などと平気でしゃべっていたので、東京の人には、おまえの日本語はおかしいといわれた。

昔からぼくには、東京だから、京都だから、という思いがあまりないのだと思う。

日本という枠組みに対してもそうだ。誰のどんな行動を見ても、ああ、この人は日本人だからどうこう、というとらえ方には結びつけない。そういうパターン付けをあまりしない。

だから、いいかげんといえばいいかげんかもしれないが、もし、京都人や日本人についてどう思うか尋ねられても、やはり、さあどうなんでしょうね、という返答しか、ぼくはしないだろうと思う。

味覚についても、まったくパターン付けては考えたことがない。

ドイツやフランスに住んでいたこともあるし、アジアやアフリカに出かけたこともあるが、海外で日本の味を恋しいと思ったことがない。日本の中でも、たとえば西と東の味の違いに困ったことがない。

どこでどんなものが出てきても、いい悪いではなく、そこではそういうものを食う、と非常に素直に思うだけだ。

ただ、好き嫌いはある。京都に引っ越してきたばかりのころは、にしん蕎麦《そば》が好きだった。変わっているなあと思ってよく食べた。

要するにぼくは、目新しいものは何でも好きなのだ。訪れた先の外国の食べものも、めずらしいからおいしい。はあ、初めて食った。うまいもんだなあと思う。たぶんぼくは、いろんなことにこだわりがないのだろう。もちろん、いきものに対してはこだわりがあるが、それは生きているものそれぞれに注ぐ関心であって、人間にだけ特別というわけではない。

赤ん坊を見れば、ほ乳類の子どもだなと思う。魚の子は魚の子だなと思う。ある意味ぼくは、人間特有といわれることには無感覚で、猫は猫、犬は犬、魚は魚、虫は虫と、すべて等しく考えているといえるだろう。

そのような考え方は人間に対して無責任だ、といわれることがある。

しかしそういうときは、人間にこそ責任があるのではないですか、と切り返すことにしている。人間には、それぞれのいきものを、それぞれのいきものとして見る責任があるのではないでしょうか、と。

ぼくは子どものころからそういう見方をしていた。人間を、多くのいきもののひとつとして見る。逆にいえばぼくは、自分も含め、人間の幸せということに対しては、いわば無責任なのかもしれない。

あなたは幸せですかと聞かれれば、いや考えてみたこともない、と答えるだろう。生んでもらってよかったか、などと聞かれても、全然わからないと答えるだろう。

日々の暮らしの中で、幸せではなく、うれしさならあると思う。たとえば安楽椅子《あんらくいす》に座り、うちの庭を眺めて、ああ、気持ちがいいなあとうれしさを感じる。

それが生きていくうえでどのような意味を持つか、それほど深く考えたことはないが。

いきものはみな、客観的な環境ではなく、それぞれが主体となって環境全体から取り出した、そのいきものにとって意味のある独自の「環世界《ウムヴェルト》(Umwelt)」

の中に生きているという考え方に出会ったのは、もう六十年以上前の中学二年生のときだった。

学校ごと動員された軍需工場の片隅に、その本はあった。ヤーコプ・フォン・ユクスキュルという生物学者の書いた『生物から見た世界』(Streifzüge durch die Umwelten von Tieren und Menschen, 1934／日髙敏隆、羽田節子訳　岩波文庫)という本であった。

戦争中ではあったが、中学生たちが来ているからということで、そのとき工場には簡素な読書室が設置されていた。たまたまそこに行って、そのような衝撃的な本を見つけたのだから、不思議だなあと思う。

とりとめのない書列の中に並べてあったその本を手に取り、中身を読んだときはびっくりした。

説明はむずかしかったが、動物には世界がどう見えているのかではなく、彼らが世界をどう見ているのかを述べていることはわかった。

それ以来、ずっと覚えているのだから、ぼくにとってユクスキュルのいっていることはすごくおもしろかったのだ。

そこには冒頭、ダニの話が出てくる。

ダニには目がない。皮膚にそなわった光の感覚を頼りに灌木《かんぼく》の枝先によじ登り、温血《おんけつ》動物が通りかかるのを待っている。その下で、動物の皮膚が発する酪酸《らくさん》のにおいがしたら、とたんに落下する。

そのにおいはエサの信号なのだ。温かいものの上に着地したことがわかったら、ダニは触覚を頼りに毛の少ない場所に移動し、血液を吸う。

つまりダニにとっての「世界」は、光と酪酸のにおい、そして温度感覚、触覚のみで構成されている。ダニのいるところには森があり、風が吹いたり、鳥がさえずったりしているかもしれないが、その環境のほとんどはダニにとって意味を持たない。

世界を構築し、その世界の中で生きていくということは、そのいきものの知覚的な枠のもとに構築される環世界の中で生き、その環世界を見、それに対応しながら動くということであって、それがすなわち生きているということだ。

それぞれのいきものは、何万年、何十万年もそうやって生きてきた。人間はまた全然別の環世界をつくって、その中でずっと生きてきた。

環境というものは、そのような非常にたくさんの世界が重なりあったものだということになる。それぞれの動物主体は、自分たちの世界を構築しないでは生きていけない。

読んだときから、その本に書いてあることは、その通りだ、当たり前だと思っていた。しかし当時の世の中ではそうではないとされていて、ユクスキュルのいっていることを非常に否定的に引用する学者もいた。

このことは、おおげさにいえば、戦後思想史と関わりがあると思っている。戦後の進歩主義がいかに単純なものであったことか。

ぼくも含めて時代は長くそれにのっていたわけだが、それでもユクスキュルの本のことはずっと忘れられずにいた。

ぼくにしてみれば、それはずいぶん本質的な問題だった。

人間は人間の環世界、すなわち、人間がつくり出した概念的世界に生きている。人間には、その概念的世界、つまりイリュージョンという色眼鏡を通してしか、ものが見えない。

そう考えると、そのイリュージョンの世界を、人間自身がどう見ているかということを、我々人間はもっと真剣に考えなくてはいけないと思うようになった。

進歩的科学者からは、ぼくのいっていることは、唯物論的、純粋科学的なものの見方ではないといわれた。

生物学者は生物はこういうものだという話をするべきで、人間が見える世界だけが世界ではないとか、人間がものをどう見ているかが問題だなどという話はすべきではない、それは生物学者としての立場から離れてしまっている、だからおまえはダメなんだともいわれた。

ぼくは、そうではなく、人間がものをどう見ているかが、人間がいろいろな文化をつくり上げたり学問研究したりするにあたっていちばん大事なのではないか、イリュージョンに価値を置くというより、人間がイリュージョンを持つことをおもしろいと考えてはどうかと反論した。

人間はものの本質を見ることができるといわれる。それは古きよき科学的自然観だろう。

しかし、ぼくはユクスキュルの本やいろいろないきものの科学的な研究をきっかけに、果たして人間にはそんなに本質が見えるのだろうか、と思ってしまった。イリュージョンを通してしか世界が見えないのであれば、そのイリュージョンというのはいったい何かということを、もっとまじめに考えなくてはいけないと思う。

イリュージョンは、だから大事だと考えている。

フランスに留学していたとき、構造主義に代表されるフランス現代哲学の人々との交流は特別なかったが、そのころの思想の流れは何となく肌で感じとっていた。ずっと漠々《ばくばく》と思っていて、知らないうちに自分の内に取り込んでいた部分もあるかもしれない。

これからも、人間はイリュージョンを通していきものを見ていると知っていて、そのようにいきものを見ていれば、たくさん発見があるのではないだろうか。

哲学者がいうことはむずかしいけれども、イリュージョンという言葉は単純な思いだけでできている。哲学ではない。学問ではない。人間の状況を単純に思考しただけの言葉だから、好きなのかもしれない。

じかに、ずっと、見続ける

ぼくは養生というものをしようと思ったことがない。

酒とたばこは学生のころからずっとたしなんでいる。大学に入ったら、入ったらしいことをしたいと思い、そのとき、酒も飲んでみなければしかたがないと思った。

最初のころは、たまらなくおいしいというほどではなかった。何回も吐いて、それで飲めるようになったが、決していやではなかった。いい刺激だったと思う。

実はぼくの父は酒造業を営んでおり、母は酒問屋の娘で乳母《うば》を連れ、持参金付きで嫁入りしてきたような家だった。

ぼく自身は研究者を目指し、家の仕事を継がなかったが、酒をたしなむようになってからはずっとウイスキーを愛飲している。

ソーダ割りで飲むのが好きだといったら、以前、極地観測に出かけていた弟子が、南極の氷を送ってくれたことがある。

その氷に水を注ぐとパッと細かいヒビが入る。南極の氷は長い間積もった雪の重みで中の空気も圧縮されている。解けるにつれ、グラスの中でその気泡が弾《はじ》けてパチパチと音がする。喜んでよく飲み、おなかをこわした。

今では環境のこともあり、そういう自然氷を入手することはむずかしいだろう。貴重な思い出になっている。

たばこも、当時アルバイトしていた出版社でごく普通にすすめられた。こちらはまだ学生だからというと、学生だとなぜいけないのか、といわれ、やはりこの道で食っていく以上、たばこなどがわからなければどうしようもないかもしれないと考えた。

お酒と違い、たばこは、無理して吸うようになったわけではなく、習慣になってやめられないという感じもなかった。

切れたときは、あったらいいのになあと思うが、イライラするほどの中毒にはならない。明日になれば、とか、あとで買ってこよう、とか、そんなふうに思ってごまかす程度だった。

今まで吸い続けているのは、おそらくぼくが、体にいい悪いで自分の行動を変更したことがないからだろう。それだけ丈夫だったのかもしれない。

よくないといわれているのは知っている。自分でもいいものだとは思っていない。だからむちゃくちゃな吸い方はしないし、なければ仕事ができないということもない。しかし、あるからあるものを、やめたらどうだろうと考えるのはアホみたいだと思うのだ。

絶対吸わない、などというふうに考えない。吸えなければしょうがない、吸えれば吸いましょう、というふうに思う。

このごろは健康を大事にして、たばこを吸うか、長生きをとるか、二者択一で考えている人も多いようだが、なぜそこまでまじめに考えるのだろうと思ってしまう。

結局ぼくは、いいかげんなのではないだろうか。自分の体のことであっても、どこかしら、外からの視線でとらえているのかもしれない。そういうものの見方は、子どものころからそうだったように思う。

小学生のころ、犬の死骸《しがい》をじっと観察していたことがある。ウジはあまりおもしろくなかったが、甲虫《こうちゅう》類がいろいろいて、それがおもしろかった。

虫たちが、ほかの虫をつっついたり、違うところから顔を出したり、ぶつかってけんかしたりしているところをつぶさに眺める。一回一回の観察時間はそう長くはないが、とにかく毎日見る。日に何度も見る。あ、今さっきはこうしていたのに、今はこんなことをしている、ああ、こんなこともするんだ、とわかる。

観察する犬の死骸にはあらかじめ狙いをつけ、段ボールなどでふたをかぶせておいた。それでカラスや近所の人が気づくのを防ぎ、そろそろ虫が食べはじめたな、というタイミングになると、あまり人がいないときに行って、そっとふたを開け、虫の行動を観察できたら家に帰る。

虫たちは、死骸が乾くといなくなってしまう。骨と皮に虫がいなくなってしまうまで観察していた。

もし今、そういう死骸が目の前にあれば、ぼくはやはり喜んでちょこちょこ開けては見、開けては見、するだろう。

同じ腐ったものを食べるにしても、肉を食べている虫、骨を食べている虫、またそれらと異なる行動をする虫、そういう違いが興味深かったが、夢中で観察していたら、不審に思った巡回中の警官に連れていかれそうになったり、実際に連れていかれたことも、何度もあった。

死骸についている虫を見るなどということを、小学生の子どもがやっている。絶対おかしな子どもとしか思えなかったのだろう。

虫がきているんですよ、という程度では納得されないので、警官にはいっしょうけんめい説明した。この虫は何という虫で、ここには何種類の虫がいて、などと詳しく解説すると、ああ、と感心する人が多かった。

シデムシ科という甲虫類がおり、その名も死んだら出てくる虫、死出虫と書く。ヒラタシデムシやモンシデムシといったグループがあり、死んだ動物のところにやってきてそれを食べるだけではなく、そこで雄雌が出会い、繁殖もする。卵を産み付け、幼虫も死骸を食べて育ち、家族形態をとるものもある。ほかにも、チビシデムシやヒダカコチビシデムシ（※著者が若いころに採集し、フランスの分類学の大家 Jeannel に標本を送付、新種として記載された。著者に献名された最初の種）という種類もいた。

そのうち興味が高まって、シデムシ類を飼育しようと思ったことがある。

しかし、これはたいへんだった。飼育するには腐った肉を用意しないといけないわけだが、あまり腐りすぎて、においプンプンではいけない。食べごろの肉をいつも用意することが、まず、とてもむずかしかった。

死骸から適度ににおいがしていると、ハエなどがそこにきて卵を産む。すると、その幼虫を食べるほかの種類の虫や、その幼虫が現れ、ちょっとのあいだに、ふだんそのへんにはいないようないろいろな虫の集団ができあがる。

いつもは草むらなどで見かけることのないような連中だ。それらがワッと集まってくる。もちろんふだんも探せばいるのだろうが、死骸のないときは、いったいどれくらい探したら一匹二匹見つけられることだろう。

かつてファーブルも、埋葬虫といわれるシデムシの習性に惹《ひ》かれ、同じような観察をしていた。彼も周りの人から見たら、変なことをしているおじさんだと思われたことだろう。

ぼくも父にさんざん怒られ、またやったらうちを追い出すぞといわれたが、何度もやった。どこがおもしろいのか説明したが、父はおもしろいとは思わなかったようだ。とにかく臭いし、汚いのだから。

でもぼくはそれを、いやあ、いいにおいがしてきた、と思った。いい塩梅《あんばい》の、虫が集まるにおいがしている、と。

腐りはじめのほうはアンモニアのにおいで、ツンツン臭くてダメ。ちょうどいいにおいがしてくる、というあたりがある。

それをかぐとうれしそうに死骸のそばにしゃがみ込んで動かない。どう見てもやはり変な子どもだったということは確かだろう。今もこんなに変わっているのは無理もないと思う。

ぼくが、シデムシに熱中したのは、それがいちばん身近だったからだ。じっくり観察できる生きた動物は、ぼくが暮らしていた渋谷の町中にそれほどたくさんいなかった。

死骸にたかる虫なら、人からしばらく隠しておけば、腐るにつれ、たくさん観察対象が集まってくる。今、シデムシのたぐいを実際に見たことのある人は、あまりいないのではないだろうか。

大学に行って教わるまでは、そんなふうに戸外で観察する以外、積極的に虫のことを知るような実験はできなかった。昆虫のホルモンの研究室に入り、おまえはへたくそだなあとしかられながら、成虫や幼虫の小さな器官を取ったり移植したりする、ものすごく細かい手術のしかたを覚えた。

問題はどうやって虫を押さえておくか、いちばん苦労したのはそこだった。場合によっては左手で対象を押さえながら、右手で手術したりする。そうなるともう曲芸で、しかもすばやく作業を行わなくてはならない。

ある部位を取り出したり、ほかの個体に移したり、ということをやるのに何時間もかかっていると、そのあいだに肝心の虫が死んでしまう。

手術したあと、生かして観察しなければならないのに、取ったら死んでしまいましたでは論文にならない。

アゲハチョウに麻酔をして傷つけ、その個体の卵巣を取り出し、他の個体に移植する光景は、手術したぼく自身の目に強烈に焼き付き、記憶に残っている。

手術のあとは、ぼくの全身がぐたっとなってしまう。それだけ集中しないとできないプロセスだった。

虫のホルモンにしても、犬の死骸にしても、ぼくが見てきたようなものをちゃんと撮って見せてくれるようなドキュメンタリーフィルムというのは、いっさいないのではないだろうか。

ひとつのテーマを追い、虫一匹のことを撮るのに三十年くらいかかってしまう。犬の死骸も、今やもう原っぱに置いてずっと撮影する、などという状況にないだろう。

結局、ほんとうにその実験をやった人、観察をした人の頭の中にしか残らない。いきものとの関わりの中には、そんなふうに、向きあった当人しか見ることのない、あざやかな光景がある。

いつでもダンスするように

ぼくが京大にいたころ、日高研に集まっていた学生たちは、今やさまざまな分野の研究者になり、社会の中心で活躍している。ときどきその報告を聞くのがぼくの楽しみのひとつだ。

先日は近江《おうみ》に出かけ、滋賀県立大学人間文化学部教授の細馬宏通《ほそまひろみち》君と再会する機会があった。細馬君は学部生のときからしばらくシャクトリムシを研究テーマにしていた。木の枝に擬態する、クワエダシャクという虫だ。

この虫はたいへんみごとに枝の真似をする。土瓶《どびん》割りという異名があるくらいで、昔、農作業などにお茶の入った土瓶を持っていき、それを適当な木の枝にひっかけたとたん、クワエダシャクだったので落ちてしまったということが、よくあったのだろう。

足や頭をいかにおさめて枝らしく見せるか。胸にある三対の足を小さくたたんで枝分かれに見せる。そのパターンにバラエティがある。

それはおもしろいのだが、クワエダシャクはほとんど動かない。夜になっても動かない。

夜中に数分、近くの葉っぱを食べて、またじっとしている。

徹夜で観察していても細馬君のフィールドノートは埋まらなかった。

そこで彼を、当時、日高研が取り組んでいたボルネオでの調査に連れていった。ボルネオのプロジェクトは、熱帯雨林のさまざまな昆虫の動態や生態、そして森林伐採が盛んなところだったので、森林の害虫研究など、多岐にわたる調査を行っていた。は虫類の動態を調べている人もいた。

細馬君はその後、研究テーマをよく動くトンボの行動に変え、現在は人間の行動に焦点を当てて、日常会話の動作や介護施設での身体の使われ方を研究している。

意外なようだが、動物行動学の視点で人間の行動を研究するケースはあまりない。

その視点で介護の問題を見ると、たとえば、直前の出来事しか覚えていない認知症の人が、再び自発的にものを食べたり、会話したりといったことができるようになるには、無意識のうちにまず、箸を持ってこれを食べるぞ、とか、この人とあいさつするぞ、という、漠然とした構えがその人の中に起こることが必要なように思われると、細馬君はいう。

構えが立ち上がれば、自分を取り巻く環世界との関わりの中で、いつでも行動は起こりうる。人間は動物プラスアルファの存在といわれるが、むしろシンプルに動物のひとつとして取り扱うことで、これまでわからなかったことがもっと明らかになるだろう。

細馬君たちとの思い出には、もうひとつ、理学部のダンスがある。

もともと日高研には音楽好きが多かったが、あるとき、コンパ（飲み会）で、何人かが助手室にあったステレオを持ってきてかけたところ、そのうちみな踊り出した。体を動かすこと、趣味は全然違っていてもオープンなところで曲をかけて踊るような、開放的な気分が好きな人たちが多かったからかもしれない。

また当時、南方にフィールドを持つ人が多く、調査に行くと、その土地の空気も呼吸するのだろう、沖縄やボルネオのポップスは懐かしいといって、みな好きだった。

それから研究室のコンパではダンスは恒例になった。誰かがフィールドからおいしい土地の食べものを持って帰ったり、道でひかれたたぬきを見つけて持ち帰り、たぬき汁にしたりすると、不定期に飲み会になり、よく踊った。

ただ、動物学教室の歴代の教授が油絵になって見守っている由緒正しい部屋で踊っていたので、隣の発生学の研究室などからは、うるさい、もう少し静かにしろといわれることもあったようだが。

研究室のダンスは定着していたが、ぼくが理学部の学部長になったとき、堅苦しいことは嫌いなので、就任した以上はもっと自由闊達《かったつ》なことがやりたいといって、例のあれをやろうと呼びかけた。

つまり日高研が中心となって理学部の大講義室にスピーカーを持ち込み、学部長主催で大ディスコ大会をしたのだ。

ぼくにしてみると、ふだんの学生たちの様子はまじめすぎると思うくらいだった。むしろ余計なことをしてもらいたいなあと思っていた。だからまずディスコをやろうとぼくからいったら、理学部の教授連中はあきれていた。

でも、踊ったりすることは人間にとって当たり前のことだからね、とぼくは反論した。それで納得した人もいたし、しない人もいた。しょうがない学部長だと思ったのではないだろうか。日高だからしょうがないと、あいつはそういう変わったやつだからと、大部分の先生は考えたのだと思う。

中には、そういうふうにしたいと思っていた研究室もあったようだ。

動物学教室第一講座が主催すると、ほかの講座からも踊りに来た。いろいろな研究室から学生が集まり、意外に踊りそうもない人が喜んで踊っていた。

国際動物行動学会が京都であったときも、発表のときはいたっておとなしかったロシアの研究者などが、音楽をかけるといきなり踊りだしたりした。ふだん澄ましているお嬢さん研究員も熱心に踊る。

ぼくはいつでも先頭に立って踊った。音楽はみな学生におまかせで、どんな曲でもどんどん踊った。

こちらは踊っていいという雰囲気をつくるのが役割で、もし音楽までぼくが指導したらおしまいだと思っていた。

教授が踊っているなんて、と、目をまんまるくしている学生もいただろう。学生の中にも、ディスコをよく思わない人はいっぱいいたかもしれないが、開かれた雰囲気をつくってやりやすい感じにすることが大事だと思っていた。

ダンスが波及していって学部でやるようになり、そこまでもっていけたことを、ぼくとしてはやったやった、と思っていた。そういうところで学問するのが、大学ではないかと思っていたから。

京大理学部は非常に堅いところだったけれども、どんないきものの研究でも、まじめなことを、おもしろくやって、それを武器に売っていこうという考えもあった。ダンスすることも、研究することも、全部を通じて、それでこそ学問でしょ、といいたかったところもある。

ディスコをやると、実にみな激しく踊る。人が変わったのかと思うくらい。でもそういうふうにやったからといって、翌日からすごく学生たちのあいだの空気が変わる、ということはなかった。また、そういうことを期待したわけでもない。

ただ当たり前に、ときに踊ることが普通になる感覚を目指したということだ。海外では研究室に集う人々がそのように自由に楽しんでいて、日本ではどうしてそれができないのかと思っていた。

フランスの学会などの影響もあったかもしれない。学会の最終日にはみなで踊り、誰もがとてもリラックスしていた。

ちょうど日本も、そのように変わっていく時期だったのかもしれない。開いた姿勢で外の風を入れることに努めた。

細馬君によれば、自分の名前をいえない認知症の人でも、かつて日常だった田んぼ仕事の仕草《しぐさ》や、その人が慣れ親しんだ独特の所作《しょさ》をすることがあるという。体の動きや仕草といったものは頑健で、その人の中にずっと残るのかもしれない。そんな仕草の意味にこちらが気づけば、楽しく田んぼやその土地の話ができる。認知症という症状が問題だと思いがちだが、むしろ相手をする側が何に気づくかが問題なのだ。

人間は動物なのだから、人間という動物の行動をきちんと見て、介護の現場などでも生かされることをおおいによしと思う。

行動とは切れ切れの断片を時間順に並べたものではなく、ある程度大きめのひとかたまりになっているものだ。

攻撃することでも、何かを捕って食うことでも、動物がここで行動しようと思うと、ひと続きの行動がまとまってドンと起こる。

ということは、この次はこの行動をやるぞ、というモードのようなものが、その動物の中に立ち上がっていると考えられる。

人間にも、おそらくそういうことがもっと複雑な形で関係しているだろう。踊ることも、いくつかの段階を踏んでモードとなり、みなが学問しながらいつでも自然と体を動かすにいたった。

ぼくとしては、そのモードを学生ひとりひとりに広げ育てることを楽しんだ。今もいろいろな形で受け継がれているとしたら、実に愉快なことだと思う。

イマジネーション、
イリュージョン、
そして幽霊

〈講演録〉

ただ今紹介いただいた日高です。

総合地球環境学研究所（地球研）が発足して六年、今日ここで何か話を、ということで、さて何を話すかいろいろ考えましたが、これまでぼくはずいぶん変な研究をしてきた気がします。

それはどういうことかをお話しするのがいいのかなと思いまして、タイトルは、あえてつければ「イマジネーション、イリュージョン、そして幽霊」ということになるんじゃないかなと思います。

何十年も前の話ですが、ぼくは小学校のころ東京にいまして、そのころ文部大臣は陸軍大将だった。

だいたいにして変な時代です。ぼくのいた小学校も非常なスパルタ主義で、その陸軍大将の文部大臣から表彰されたという校長がいました。ぼくは、この校長と体操の先生にさんざんいじめられました。

最近いじめというのはクラスの中でやられていますが、そのころは先生みずからが生徒をいじめていた。だいぶん時代は違っていたんです。

なぜいじめられたかというと、体が弱かったので体操など怖くてできない。跳《と》び箱を跳ぶなんてとってもできない。肋木《ろくぼく》も、大人から見れば低いものですが、子どもにはすごく高い。あの上に上がってパッとまたげといわれる。そんな怖いことはできないというと「おまえみたいなやつがいるから日本は戦争に負けるんだ。早く死んじまえ」と毎日いわれて、だんだんおかしくなってきました。

学校に行くのがいやになり、今でいう〝登校拒否〟の状態になっていたんですが、そのころは、それに対してずる休みという言葉しかなかった。

ずる休みして近くの原っぱに行く。東京の町の中にもそのころは原っぱがあって、草木も生えています。

そういうところをずっと見ていると、たまたま小さな芋虫が木の枝をいっしょうけんめい歩いている。つい「おまえ、どこへ行くつもり?」と聞きたくなる。声に出して聞いたこともあります。

もちろん、虫は返事をしてくれませんから見ているほかない。見ていると木のいろいろなところに若葉が出ている。それをいきなりパクパク食べはじめます。それで「おまえ、これが欲しかったの」とわかる。

何か虫と気持ちが通じあったような気になって、すごくうれしかった。あとで考えると結局ぼくはずっとそういうことをしてきたんじゃないか。つまり、動物たちに「おまえ、何をするつもり?」とか「何を探しているの?」と聞き、向こうは答えませんからいっしょうけんめい調べて、こうじゃないか、ああじゃないかと考え、また調べる。

それをいろいろな動物について行ってきたということに、どうもなるような気がします。

先ほどいった変な研究というのはそういうことです。中には、ずいぶんおかしなこともやりました。

たとえばチョウが飛ぶことについて。チョウを追いかける子どもとしては立派なアゲハチョウなどを捕りたいわけですが、そういうチョウは高いところしか飛ばない。小学生ではどんなに網を高く掲げても捕れない。

低いところを飛んでいるモンシロチョウなどのチョウもたくさんいるんですが、そういうのはすぐ捕れるから捕る気にもならない。

なぜいいチョウは高いところしか飛ばないんだろうということが不思議で、そんなことを人に話したりした。すると「どこを飛んだっていいじゃないか」といわれる。しかしぼくはどうしても気になってしようがなかった。

しかもチョウは飛んで道を渡るとき、渡るところはいつ見ていても決まっている。信号があるわけでも何でもないのにそこをちゃんと渡る。そのことをずっと考え続けていたのが、さっき紹介くださった『チョウはなぜ飛ぶか』（日高敏隆著　岩波書店）という本です。

それから、ご存じの方が多いと思いますが、アゲハチョウのサナギは保護色になります。

緑色の小枝にとまったやつはきれいな緑色のサナギになるし、枯れ枝にとまったものは茶色いサナギになる。幼虫のときもチョウになったときも互いにまったく同じなのに、サナギのときだけ色が違う。これを不思議に思った人はたくさんいるんですが、ぼくもなぜだろうと思った。

みな思っていたことは、保護色だからサナギは周囲の色を見ているんだろうということです。つまり、緑色のところにとまったやつは、自分のとまっているところが緑色だから、じゃあといって緑色になる。茶色い木の幹にとまったやつは、糸をかけたところが茶色だから茶色のサナギになる。

そこでいろいろな実験をする人もいました。実験には色紙を使うんですが、やってみたデータはわけがわからない。たとえば茶色い紙の上でサナギにならせたものは、六匹が茶色で四匹が緑色。それから、緑色の紙でサナギにならせたやつは、六匹が緑色で四匹が茶色になる。

実験した人は、だからサナギの色は周りの色で決まると書いていましたが、そんなことはないだろう、このデータではどっちだって同じことじゃないかと思った。調べていきますと、実にそういう、一見くだらない「なぜ」がいったいどういうことなのか全然わからないんです。

そのうちに、色じゃないということがわかってきました。カラタチの小枝はきれいな緑色で、そこについているサナギは確かに緑色になる。ところが、アゲハチョウというのは、サンショウの葉っぱも食べます。サンショウの枝は緑色の軸の上に茶色い薄い皮をかぶっているので、外から見ると茶色いんです。そのサンショウの枝にとまったサナギも緑色になる。とまったところは茶色いんだけれども緑色のサナギができる。

これで色ではないということがはっきりした。

結局わかったのは、生木のカラタチの細い緑色の枝にできたサナギが百パーセント緑色になるということだけ。あとはわからない。

論文も早く書かなきゃいかん。しようがないからとにかくカラタチの緑色の枝にとまったやつは百パーセント緑色になりますという、もう考えたら非常にくだらないような論文を書きました。

しかし、実はそれはまったくくだらないことではなかったんです。

蛹化《ようか》を観察していてもわけがわからないので、次にどうして色が出るのかを調べてみようと思いました。

そのころは昆虫にもホルモンがあるらしいという話がやっと出てきたころでした。これはもしかしたらそうかもしらんと思ったので、サナギになる前に芋虫を糸で縛った。今はそういう方法はあまりよくないとされているようですが、そのころは平気でギュッと縛っていました。

すると皮を脱いだら前は茶色、後ろは緑色のサナギになったんです。縛る場所を変えて頭のほうにずらしていくと、いつも頭のほうは茶色、後ろのほうは緑色になる。

それで前のほうからサナギを茶色にするホルモンが出るんだろうというと、そんなことはない、後ろから緑色のホルモンが出るかもしれないじゃないかという人がいる。

確かにそうなんですが、しっぽの先からホルモンが出るというのはあまり考えられない。やっぱり頭から出るんだろうと思って調べていくと、結局そうだとわかってきました。

そこまでは高校時代にやっていた研究でした。

大学に入りまして、福田宗一先生という、日本に名だたるホルモンの先生がいましたので、その先生について教わりました。しかしそれ以上さっぱり進まない。

先生は脳のホルモンを研究していたので「脳がホルモンを出すんだ」という。「脳を取ってみろ」というので取ったらほんとうに緑色のサナギになる。今度は「植えてみろ」というので脳を植える。すると茶色になるかというと、ならないんですね、まったく。

「おまえの技術が下手だからだ。練習に来い」というので、当時福田先生のいた松本（長野県）まで行っていっしょうけんめい練習しました。でも、いくらやっても全然ダメなんです。

そのうち、ぼくは、脳ばかりではないんじゃないかと思いました。アゲハの幼虫では頭から胸で三つの神経節がつながっていて、その三つ全体から茶色くするホルモンが出る。ある程度そういうことがわかりましたので、その話を先生にしたら「そうやろう、ワシもはじめからそう思うとった」と（笑）。

先生のいうことはいいかげんに聞いておくものだと身にしみて思いました。ぼくはどの大学の講義でも必ずそういっています。

そのときはいろいろな人がいろいろなことをいった。たとえば、どんな場所についても緑色になる純系のサナギをつくる。日本には養蚕《ようさん》の伝統がありますので、純粋な系統をつくれます。そうしたらいつでも緑色のサナギになるやつができるじゃないですか、と。

しかし、それではぼくにしてみれば全然おもしろくない。場所によって茶色になったりするからおもしろいのに、いつでもどこでも緑色になるなんて、何でそういうアホなことをいうんだと、その話はいっさい聞きませんでした。

また、ある偉い先生は「茶色くなるということは、酸素によって酸化されるんだから、純酸素の中に漬けてみたらどうなるかやってみろ」という。

「そうですか」とはいったけど、自然界に純酸素なんてあるはずないんだから、そんなアホなことはないと思いまして、そういうことはやりませんでした。

もしかすると茶色くするホルモンが出るか出ないかを決めているのはにおいじゃないかと思ったこともありました。生きている植物って青臭いですから。

そういう実験をしてみると、まさに青臭いにおいがすれば緑色のサナギになる。そこで、京大の先生で世界的にも有名な青臭さの研究をされている方のところに行って、アオバアルコールという物質があるんですが、それをいただいてきて強引な実験をしました。割り箸、つまり枯れた木にその物質をつけるとプンプン青臭い。ここに幼虫を放しておいたら、みんな緑色のサナギになるかと思ったら、ならないんです。

そういうむちゃくちゃな実験はやっぱりだめであるということがよくわかりました。

結局、ことは非常に複雑らしいということまでわかってきたところで、あとは、今、広島大学にいる本田計一さんという人がうまくまとめてくれました。

木などにとまって糸をかけるとき、それが青臭いかどうか、生きた植物であるかどうかがまず問題で、その場合は緑色のサナギになる。でもそれだけが決め手じゃないんです。そこの曲率半径《きょくりつはんけい》が小さいか大きいか。

曲率半径が大きいということは平たいということですが、そういうところにくっつくとなかなか緑色にならない。曲率半径が小さければ緑色になる。

さらに、この曲率半径とは関係なく、そこがツルツルかザラザラかということがまた問題になる。ツルツルであれば緑色になる確率が高まる。ザラザラであれば茶色くなる。

さらに、温度が高かったら緑色になる。また、湿度が高かったら緑色になる。

におい、曲率半径、テクスチャー（質感）、温度、湿度。少なくとも五つぐらいの条件が全部、完全に独立にあるということをまとめてくれました。

それでやっとぼくはわかった。

たとえばこんなマイクのコードのようなところですね。ここにとまれば緑色になる。

これは生きた植物ではないので青臭くないから、茶色くなるはずですが、曲率半径は小さい。そしてツルツルです。さらにこの部屋は暖かくて湿度も高い。これで四つ緑色になる条件がそろう。するときれいな緑色のサナギができちゃうんです。こんなところでね。

いちばんわからなかったのは、まったく透明なガラス板の上にできるサナギです。茶色いのと緑色のと両方できますが、緑色になるのは夏なんです。湿度が高くて気温が高くて表面がツルツル。緑色になる条件は三つある。いっぽうガラスに青臭みはなく、曲率半径は大きい。茶色になる条件はふたつです。そうすると、五つの条件のうちの三つは緑色になる方向なので、緑色のサナギになる。

しかし同じガラスの上でも冬ですと、においはしない、曲率半径は大きい、温度は低くて湿度も低い、と、茶色になる条件が四つになる。するとサナギは茶色くなる。

なるほどと思いました。自然界というのはそんなふうに複雑にできているんだと。

今みなさんが地球研で研究している「環境」とは、そういうふうに、何だかわけのわからない条件がいっぱい組みあわさっているもので、昔、ぼくが教わったみたいに一対一、こういうことがあったらこうなる、なんてものではないということがよくわかりました。

そのへんからぼくは、物理屋さんのいうことをあまり気にしなくなりました。今はもう、誰もそんなことをいいませんが、昔は、生物学はとてもばかにされていて「次元の低い科学である」あるいは「科学以前の科学である」といわれました。

何しろ物理が基本なんだから物理学的にやっていかなきゃダメだということばかりいわれて、ぼくは非常にいやだった。物理帝国主義という言葉があったくらいです。

このごろはむしろ物理の人のほうが生物に興味を持つようになってきました。そういう人たちの実験を見ると、ずいぶん荒っぽいことをやっているなと思いますが、物理の人から見ると、あなたたちこそそうとうに荒っぽいといわれる。ずっと何十年もそんな経過です。

そんなことをやっていて、ぼくは農工大に就職しました。今と同様に就職難で、しかも動物学を出ちゃったらおよそ就職口がない。生物ならまだよかったんですが動物はもうダメ。しようがないからやむなく研究生になっていたらたまたま運よく農工大に呼ばれたという感じでした。

東大の理学部動物学科にいたときには、何だか知らないけれど、すごく実験的なことばかりやらないといけないとされた。そのころ、今西錦司《いまにしきんじ》先生が京都でニホンザルの社会の研究をしていて、見ていて非常におもしろい。あれこそ動物学ではないかと思っていました。それをひょいと東大の動物学科の先生にいっちゃったら、むちゃくちゃに怒られました。

「おまえは何をいうか。あれは科学じゃない、文学だ。あんなものをおもしろいなんて思ったら、おまえは科学者にはなれない。もしほんとうにおもしろいと思うなら、さっさと動物学科をやめろ」そういうような時代です。

片方では、わかったってしようがないじゃないかというような研究をみんなずっとやっていて、そうすれば動物学会賞という賞ももらえる。先ほど、ぼくのいただいたいろいろな賞を紹介してくださいましたが、ぼくは実は、学会賞はひとつもらったことがないんです。いただいたのは全部、出版文化の賞（笑）。

とにかく、そういうことで農工大に行きました。そうしたらおもしろかった。

理学部から来た人と農学部の人とでは全然違うんだということがよくわかった。農民がいて、作物を作る。作物は植物ですから、植物を育てるわけですが、そこで農民はいろいろと苦労をする。

植物には虫がつきます。虫は、その植物を食って自分たちが増えたいだけですから、農民のことなんか考えていません。それでは困るのでどうするか。そのとき、虫がいったい何をしているのかが問題になる。

当時は、それでこそほんとうの学問じゃないかという気がしました。ぼくが三十歳ぐらいですから、四十年あまり前です。

そのころの農学部の、とくに農学科の学生というのは「我々は日本農民の幸福のために勉強しているんだ」という。

このごろそんなことをいう学生はいないと思いますよ。ちょうどぼくがさっきのアゲハチョウのサナギの保護色の研究をやっていたときです。「先生がやっている研究は農民の幸福と何の関係もない。早くやめなさい」というようなことをさんざんいわれて、まともに議論してもどうしようもないので、こちらもちょっと考えました。

農工大には農場もあって、キャベツ畑がある。そのキャベツ畑にモンシロチョウがいっぱい飛んでいる。モンシロチョウはキャベツの大害虫で、農民の収入に猛烈に関わるわけです。

実はモンシロチョウでも少し実験をしてみたいと思っていた。農民の幸福に直接関わる話だから、これをやりますよとぼくがいったら学生は、それはいい、それだったらやってくださいという。じゃあやりましょうということになった。

そのときもおもしろいことがあったんです。モンシロチョウというのは一年に何回か生まれます。春には少ししか出ませんが、七月ごろになるとたくさん出てくる。それからワーッと増えて少し減り、秋にはあまり増えないで、冬はサナギになる。

生態学の人に聞くと、そういうふうになるのは、寄生蜂がついてモンシロチョウの幼虫を殺すけれども、それでは間に合わないくらいにチョウが卵を産むと、その数はワーッと増える。しかし幼虫が増えると寄生蜂も増えて、次の代にはみんな寄生蜂にやられるのでグッと数が減る、という説明だった。確かにそうかなと。数式でいろいろと解く人もいました。数式だとやっぱり物理学にちょっと近づくんです。格好いいというか何というか。

ところがぼくが農工大の農学部で見ていますと、チョウが増える年と増えない年がある。

どういう年に増えるのかとよく調べてみますと、寄生蜂の数は何の関係もない。要するにキャベツの値段と関係している。キャベツが値上がりすると農薬などをいっしょうけんめい撒《ま》きますからチョウの数はちょっと減る。ところが値段が下がって農薬を使っても無駄になるとなれば、放っておくのでワーッとチョウは増える。

何だ、人間というのはこんなところまで影響しているじゃないかということがよくわかりました。

さて、ぼくがそのとき非常に気になったことは、実は文部省（当時）の指導要領でした。

小学校の児童にモンシロチョウの幼虫を飼わせる。キャベツをやって、成長を毎日観察して、いつどうなったか、大きさがどれくらいか、脱皮をして何齢になったか、ずっと勉強することになっていて、どこの小学校でもやっていました。そのために教育映画がたくさんできているんです。「モンシロチョウ」という教育映画。

それらを何本も見てみますと、どれも同じです。卵から孵《かえ》った幼虫が葉っぱを食って、脱皮をして大きくなって、また葉っぱを食って大きくなって、脱皮をして、さらにサナギになり、サナギからチョウが出る、と。

チョウが出るところは、やっぱりカメラマンも感激するらしくて、いっしょうけんめい撮るものですから、そこだけカットが非常に長い。でもチョウが出てくると、こうしてチョウになりました、で、話は終わり。チョウたちは花を見つけ、蜜を吸い、雄と雌が出会って交尾をして卵を産みます。このようにして生命は引き継がれていくのです。それで音楽がジャジャーンと鳴る。みんな同じパターン。

ぼくはそれをすごく不思議に思った。花を見つけるとひと言でいうけれども、花って、なぜそれが花だということを、チョウがわかるんだろうかと。

花というのは、赤いのも白いのも黄色いのもある。きれいな花も、中には、花と思えない花もある。それでも花という。花というのをほんとうに定義しようと思ったら「顕花《けんか》植物の生殖器官」ぐらいしかいえない。

でもチョウはパッと花を見つけてそこにいき、蜜を吸うわけです。蜜があることは確かですが、なぜ、どうやって花を見つけるのかということが気になりました。

それから、教育映画では「雄と雌が出会って交尾をし……」と、簡単にひと言でいっていますが、雄は自分がどのような姿をしているか知らないんです。そのはずですよ、チョウの雄は鏡なんて見ていませんから。自分と同じ種類の雌がどんな姿をしているか、絶対に知っているはずがない。

なのにどうしてパッとわかるのかということがぼくには不思議だった。それで、それを調べてみようと思いました。そのあたりから少し解析的な実験をすることにしたんです。

結局、まあ、あとからみれば話は非常に簡単でした。

まず何百匹もチョウを飼って、花を見つけるときはどうだろうということを調べる。香港《ホンコン》フラワーというプラスチックでできた、においも蜜もない、色があって格好だけついている造花を買ってきて置いておくと、おなかがすいたチョウがちゃんと香港フラワーに飛んできてとまり、いっしょうけんめい口吻《こうふん》を出して蜜を探す。しばらく探して蜜がないとあきらめていっちゃう。

というふうなことなので、はじめから花だと思っているらしい。

じゃあ、花だとわかるのは色なのかなと思ったので、香港フラワーを緑色に塗って、緑色の花を作りますと、それにはこないんです。緑色ではないものにくる。

では花の格好が問題かと思って、なるべく花らしくない格好の四角い紙を作っていろいろな色に塗り、花のようにして平らに立てて置いておきますと、チョウは紙にくるんです。しかも、近くにくるときにはもう口吻を出している。蜜は何も塗ってありませんから、とまってしばらく探して、ないといってしまう。

ということは、平たい四角の紙でも花だと思っているということなんです。チョウは、花を変なものだと思っている。なるほどチョウの見ている世界はそういうものなのか、ということがよくわかりました。

それからもうひとつの疑問の、チョウの雄がちゃんと雌を見つけるということですが、雄のほうがいっしょうけんめい飛んで回っている。雌を探しているわけですね。

雌はそのあいだ、どこかにとまって蜜を吸っているか、休んでいるか。すると雄がきてくれる。

雄のほうが鳥に食われる危険を冒しながらずっと飛んで回っているんです。だからヒラヒラ飛んでいるチョウはたいてい雄です。そういうのを見ていると雄はたいへんだなあと思いました。

で、雄は雌がいるとバッと飛びついて交尾する。

しかしどうしてそんなにすぐ雌だとわかるのか。白い紙だったらどうかと思ってやってみた。

そのころには、まだティッシュペーパーなんてしゃれたものはなくて、ちり紙しかなかった。それを切って散らしておきますと、雄がピャッとくる紙がある。

どうも何か白いものに飛んできて、そばまできてから何か調べてやめるんだということがわかった。

雄は雄雌をちゃんと見分けていて雌にだけ飛びつく。いろいろなやり方をしましたけれども、実物を使う必要があるので、雄と雌とをつかまえて胸を押して殺し、とまるときは羽を閉じていますから、その格好でキャベツの葉っぱの上に、雄、雄、雌、雌と、並べて置きます。

それをキャベツ畑に置いておきますと、雄が飛んできます。これとこれが雄で、これとこれが雌、というふうにこちらはわかっている。どこに飛びつくかと見ますと、雌のどっちかに飛びつきます。

一回の実験でたしか、時間内に百六匹の雄が飛びついた。飛びついた百六匹のうち、百三匹は雌に飛びつきました。三匹だけがアホで、雄に飛びつきました。しかし飛びついた三匹のうち、二匹は、すぐにこれは違うということがわかって、ただちに雌に移りました。最後まで間違えてもたもたしていた、ほんとうのドアホは一匹だけです。

ということは、チョウの雄はどれが雌かすごくよくわかっているということなんです。何でわかるんだろう。ぼくらが見ても全然わからない。ほんとうに雄、雌はわからない。

では、においかなというので、サンプルのチョウをガラスの入れ物に入れ、ワックスでぴったりシールして置いておいても、雄は中に雌が入っているほうに飛びつきます。雄の入っている入れ物には飛びつかない。ということは、においではなく見てわかっているのです。

それで結局、ぼくらが見ても区別がつかないのに、チョウが見るとわかるというのはどういうことかと思いました。たぶん、紫外線ではないかと。赤外線でも見え方は違うでしょうけれども、紫外線がいちばん問題だろうと考えました。これは、のちにノーベル賞をもらったカール・フォン・フリッシュというオーストリア人がよく研究していて、それを知っていましたので、たぶんそういうことだろうと思ったんです。

そこで今度はモンシロチョウの雄と雌を写真に撮りました。

紫外線だけを通すフィルターをカメラの前につけて撮りますと、チョウの羽で太陽光が反射するとき、反射した光に紫外線が入っていれば白く写る。紫外線が反射されないときは黒くしか写らない。

するとメスは真っ白に写って雄はほとんど真っ黒に写るんです。

これはものすごく感激でした。映画にも撮りました。

雄の真っ黒いモンシロチョウが飛んでいる。真っ白いモンシロチョウの雌が花にとまっている。そこへ真っ黒い雄がウワッとやってきて雌に迫るわけです。何かすさまじい光景ですね。

見ているうちに、チョウがかわいらしいなんて思えなくなります。そういうことなんだ、と。結局、モンシロチョウは人には見えない色で雄雌を見分けているんだということがわかりました。

実はその当時、日本でそういうことは誰もやっていなかった。同時に、誰もそういう問題があることを考えていなかったと思います。

学会や仲間うちでは、日高さんの話はおもしろい、話がうまいからねといわれてますが、話のうまさの問題じゃないですよね。学問的な問題があって、それがおもしろいんだといっても、なかなかそうはいってくれませんでした。

また、ブラジルに行かないのか、ブラジルにはめずらしいチョウがいっぱいいておもしろいじゃないかという人もいた。しかしぼくは「このへんにいる、つまらないようなモンシロチョウでも、絶対にめずらしいことはあると思っています」といっていて、実際にそういうことが出てきたわけです。

ただ、結局それが何の役に立つかと聞かれますと、何の役に立つんですかね。このごろは必ず、パテント（特許）を取れるかどうか聞かれますが、今の話はパテントにはならないでしょうね。

でも、だいぶ経《た》ってからそういう話がはやってきて、いろいろな博物館で昆虫の世界を知ろうということになった。紫外線を見ることができれば、昆虫と同じように世界が見えるから、チョウがどう見ているかがわかるだろうということです。

しかし、チョウの目になることはしょせん無理なんです。

我々の目は、中に水晶体がありますが、そこで紫外線を吸収するようにできていて、奥の網膜のところまで紫外線がいかないようになっています。

もし、網膜に紫外線が届きますと、網膜が日焼けをして目が見えなくなる。そうならないようにその前でがっちり止めているわけですから、どうやってもぼくらには紫外線が見えないんです。実感できない。あるということはわかるんですけど、絶対に実感できないんです。

それを博物館でやってみようというので、どういうふうにしているのかと思って行ってみたら、紫外線そのものは絶対に人間には見えませんから、ピンク色の光線に変えるんです。それで「ピンクに見えるのが紫外線です」と説明してある。この話は違うなという気がしました。

それからもうひとつ、農工大にいたときに非常にびっくりした話があります。

マツノキハバチ（松の黄葉蜂）というハバチがいます。ハバチはハチの仲間で、非常に原始的なハチです。

巣をつくったりしないで、木の葉っぱに卵を産んで、芋虫みたいな幼虫が孵る。それが葉っぱをモグモグ食って地面に潜《もぐ》り、サナギになってハチが出てくる。このハチは人間に近寄られても刺したりしません。

あることでこのハチを調べる必要があった。しかも、高山に棲んでいるハチを調べたかった。

そこで木曾駒ヶ岳《きそこまがたけ》に行き、標高三千メートルのいちばん高いところにあるハイマツの葉っぱに幼虫がついていますので、それを捕ってきて農工大で飼った。

飼うときには、科学としての昆虫学というのがありまして、いいかげんに飼ってはいけない。温度は二十五度一定。正確にいうと、完全な一定にはできませんから、二十五度プラスマイナス〇・五度。そのように温度を保って飼わないとその研究は論文としては採用されないということだった。

農工大はそのころお金がなかったので、そんなふうに温度を保てる機械はなかったんですが、無理をして買いました。それで二十五度一定にして、山から捕ってきたマツノキハバチの幼虫を飼いましたら、はじめは、たとえば五十四なら五十四入れておきますね、次の日になると、半分ぐらい死んでいる。その次の日になるとまた半分ぐらい死ぬ。三日目か四日目ぐらいになると、ほとんど全部死んでしまう。

さすがにこれはおかしいと思って、昆虫病理学の先生のところに持っていって聞きました。何かバクテリアかウイルスでもいるのかと。調べてもらったら「何もいません。非常に健康に死んでいます」というので困ってしまった。

今度は五度の低温に保つ条件で飼った。

ハチを冷蔵庫の中に入れておきますと、こちらはずっと生きている。生きてはいますが葉っぱを食べない。全然食べないので十五日ぐらいするといっせいに全部、バッと死んでしまう。

どっちにしろ全部死んで最初の年は終わりました。

翌年また山に行き、今度は湿度調節をしたらいいのではないかというのでそうしたら、それも全然関係なく、みんな死んでしまう。その次の年もまたそうだった。

四年目にはもう、捕りにいくのもいやなわけです。また殺すために捕りにいくんだと思うと。

でもふっと思いついたことがあって、ぼくは学生に「ちょっと待って」といって研究室に戻った。自記温度計という、一週間分の温度を自動的に記録していく機械があります。当時はねじで巻いたドラムが一週間かかって回り、その上をペン先が動いて温度を記録する原始的な装置だった。

学生は「先生、そんなもの持ってきてどうするんですか」と不思議そうでしたが、とにかくそれを抱えて山に行った。

そして山の上で温度を測りました。すると、昼間、日が照ると三十五度になる。

日が沈むとグーッと落ちて、朝方は五度ぐらいに下がる。明くる日、日が昇るとまた三十何度まで上がる。一日に三十度も温度差がある。

やっぱりそうかと思いました。山に行くときの鉄則です。山の上というのは昼は暑くて半そでで行きたいくらいですが、夜は寒いからセーターを持っていく。学生にも「セーターを忘れるなよ」なんていっていたんですが、そのことをぼくは忘れていた。

つまり、温度は一定にして飼わなければ研究にならないと思っていたものだから、二十五度で飼うんだということばかり考えていた。

ところがそうではない、それがいけないのかもしれない、昼は暑くて夜は寒いというように、温度が上下しないといけないんじゃないか、ということを、ふっと思いついたんです。

それで、実際の山の上の温度がどうなっているかを知るために自記温度計で記録をとった。するとほんとうにそうなっていた。

その条件で飼ったら、みごとにハチはほとんど死なずに育ちました。昼間はハチを二十五度のところに入れておき、夕方帰るときには五度の冷蔵庫に入れる。朝六時に来てまた二十五度に入れ、夕方帰るときに五度に入れるという、要するに二十五度と五度を半日ずつ交代させた。すると死亡率は二%ぐらいだった。

二十五度一定にして飼うと三、四日で全部死んじゃう。五度で飼うと十五日くらいで全部死んじゃう。しかしこの、全部死んじゃう二十五度と、全部死んじゃう五度を、半分ずつ組みあわせると、おおげさにいえばほとんど全部生きた。

ぼくは、あれほど感激したことはありません。

そういうことを発表したんですが、学会では、それをどう話すかがまた問題でした。

そのころは動物学は科学にならねばならないと思われている時代ですから、変なことをしてはいけないんです。「ふっと思いつきました」なんていっちゃいけない。

そこで、「こういうふうに飼ったら飼えません。みんな死んでしまいます」というデータを出して、「データはこの通り、もうダメだということを示しています。そこで、この虫はいったいどのような温度条件のところで生活しているのであろうかということを調べました」という。

「山に行って温度をとってみますとこういうふうになります。次のスライドをお願いします」なんて見せる。「そこで、この温度をシミュレートして飼いました」という。

すると、非常に論理的にデータが示せて、なかなかいい研究、おもしろい研究だということになった。

でもそこに、ぼくは、自分で大うそがあることがよくわかっていたんです。

ぼくがデータをとったいちばんの理由は、「そうじゃないか」と思ったからです。だから測った。測ったデータからそう考えたのではない。

ですが、学会で発表をするときには、そういうふうにいってはいけない。いろいろな教科書などを見てもそうですが、データから論理的に推論したように書いてある。ぼくらはそういうふうに教わるものだから、科学というのは論理を展開していき、データを見てそこからものを推論するように思っている。

けれども、実際にはどうもそうではない。データをとること自体、まず思いつきから始まっているんですよ。思いつきがどうして出てきたのか。データから出てきたわけではないんです。

と、いうようなことが普通にありますし、だいたい、研究をしている方はそういうことをみんなわかっているのに、そういうふうにはいわない。

これはなぜなんだろう。非常に大きな問題だと思いました。

その後、まだ農工大にいるときから性フェロモンの研究がはやってきました。ファーブル以来わかっていることですが、昆虫が、夜、活動をするときには、雌が性フェロモンという特別な物質をつくって空気中にそれを放つ。すると、それが空気中を流れていき、ずっと遠くまで達して雄を引きつけ、誘引《ゆういん》する。

これに農業関係の人は飛びつきました。農薬というのは皆殺し薬だからよくない。しかし、性フェロモンはその虫の雄だけを誘引する。しかも距離を調べてみると、数百メートルから一キロ、二キロの遠くにいる雄まで誘引する。

実際にやってみると、そうなるんです。虫にマークをして放しますと、二キロメートル向こうで放したやつが、ちゃんとフェロモンのもとのところにくる。だから、きた、きた、誘引したんだということになる。

どうしてそれができるかという研究もいろいろありました。遠くまでいけば、おそらく、空気一ミリリットル中にフェロモンの分子は一分子しかないだろう。そんなものを感じることができるのかという疑問があり、それを調べた人もいました。

調べてみると、一分子でも感じることができるという結論になった。だったら、遠くからくるはずだと、こういうことになって、そういう体系が全部できあがった。それにしたがって、農業に使うやり方も全部できました。

ところが、そのやり方で性フェロモンを使ってみても、さっぱり被害量が落ちない。

なぜなんだろうという話が聞こえてきました。ぼくはそれよりもだいたい、雄というのはアホなもので、雌がいて、非常に魅力的な雌だと、そこについ寄っていっちゃう。きれいな女の人がいると、つい寄っていっちゃうというところがあるわけですね。まあ、だいたい雄は、そのようにほとんどみんなアホにできている。

しかし、いくら雄がアホでも、こんな小さな虫ですよ。二キロ向こうといったら、それはすごい距離です。そのすごい距離の向こうのほうに誰がいるのか、何もわからない。でも、そちらからかすかに雌のにおいがしてくると、そこにシューッと二キロも飛んでいく。

雄はそれほどアホなのだろうかということが気になった。

調べてみますと、ほんとうはそうではなかった。

今までの研究では、ここにフェロモンの発生源があり、風が吹く。すると風下から雄がくるはずだというふうになっていた。そういう絵までかいてありました。ところが、そんなふうに飛んでくるのは、一匹もいないんです。みんなめちゃくちゃに飛んでいる。めちゃくちゃに飛んでいるときに、たまたま雌のいるところから一メートルぐらいのところを横切ったやつが、ヒョッと曲がってやってきて、雌の姿を見たら飛びつく。

ですから、遠くからきたのは、運が悪くてなかなか雌のそばを通らなかったやつです。それがウロウロしているうちに二キロも飛んできてしまった。雄の羽にはマークがしてあって、二キロメートル向こうで放したということがわかるようになっています。だからフェロモンの発生源でその雄を捕った人は、二キロメートル向こうで放したのがきた、誘引された、万歳というふうになる。それでまたフェロモンの研究が必要だといって農林水産省から何億の研究費が出る。しかし実際にはそうではないんです。何キロも向こうからくるのではなく、一メートルのところからくるだけです。

研究している方に「二キロメートルと一メートルではあまりに違いすぎませんか」といったら、「違うことはわかった。しかしちょっと黙っててくれ。研究費が取れなくなる」と。

しかし、その後しばらくしてフェロモンの農薬としての使い方は完全に変わりました。ある意味、結局、みんながフェロモンといえば遠くから誘引するものだという頭になっているから、そういうことになってしまった。

ぼくはイギリスのギルバート・ライルという哲学者が昔語った、幽霊がどういうときに生じるかという話を思い出します。

有名な話ですからご存じの方も多いと思います。密林に「原住民」が住んでいる。そこにお祭り用の広場がある。あるとき、森の中から真っ黒な巨大機関車がガーッと走り出てきて、この広場で停《と》まったと仮定してください、とライルはいう。

するとどういうことになるか。みんなびっくりして出てくる。はじめはひれ伏しているけれど、そのうち何でこのようなものが走ってきたかを知りたくなって、壊したり調べたりを始める。

こういうとき、みんなが持っているイマジネーションは「これは走ってきたんだから、中に馬が入っているに違いない」ということです。機関車を解体すれば馬がヒヒーンと飛び出すだろうと信じてバラバラにするが、もちろん馬が出てくるはずはない。石炭のくずや水や、そんなものばかり出てくる。

人々はわからなくなって祈禱師《きとうし》を呼ぶ。「おまえたち、何とかいえ」というと、祈禱師もわからないのですが、一応、祭壇を作ったりなんかして、モコモコ煙を出したりして、みんなを何となくそのような気分にさせたところでおごそかにのたまう。

「このものは走ってきた。したがって、中に馬が入っていた。しかし、その馬は見えなかった。なぜか。それは、その馬がゴーストホースであったからである」

するとみんなは、そうか、幽霊の馬か、と、何かわかってしまうんですね。わかってしまって、その幽霊の馬にいろいろな供物を捧《ささ》げたりしてお祈りをし、蒸気機関をほんとうに動かしている物理・化学の法則や熱力学の法則については何にもわからないで、話は終わりになる。

できたのは、幽霊。機械の中に幽霊が出現しただけ。

つまり、幽霊はイマジネーションの産物だと昔からいわれているが、そうではない。イマジネーションの欠如の産物だとライルはいう。ぼくはなるほど、これはおもしろいと思いました。

そういうことを踏まえると、これまで話した、性フェロモンは遠くから虫を引きつけるという話、昆虫は温度を一定にして飼わなければいけないという話など、みんなそうです。

それらはある種のイマジネーションのなさが幽霊を生んでいたわけで、そういう変な話から、何かとんでもないものをつくってきたような気がする。こういうことを、我々はやってはいけないんだということを、よく考えました。

イマジネーションが足りないと幽霊をつくってしまう。幽霊というのは、ある種のイリュージョン、思い込みがそれにあたるかもしれません。しかしそれだけではない。イリュージョンは昔からいろいろありますが、それはまた改めていける。「あれはイリュージョンでした。変だった」といえばいい。

昔の原子模型などというものがありますね。原子の中に何があって、その周りはこうで、と、絵がかいてありました。あんなものは、今は誰も信じていません。しかし昔はあれがちゃんとあった。あったというより、あると信じられていたイリュージョンだった。そういうものがいっぱいある。

それをぼくらは乗り越えてきているんですから、やはり、幽霊ではなく、イマジネーションを求めることをやらなくちゃいけないんじゃないか。

ギルバート・ライルの話だけというのでは、やはりつまらないので、京都の例で何か話ができないかなと思いましてつけ加えます。

昔、京都で、よく幽霊が出た時代があるんです。今からもう二十年以上前ですかね。

しょっちゅう幽霊が出て、もう、タクシーに乗ると幽霊の話だった時代がありました。どこそこに幽霊が出たというのが新聞にも載っていたぐらいです。みんながそこに見に行くと出なくなる。

そういう時代があって、ぼくのうちも実は深泥池《みどろがいけ》のそばを通るんです。ところが、あそこはよく幽霊が出るといわれているところで、たいていタクシーに乗車拒否される。三台に二台は拒否されました。京都はこんなに幽霊が出るところなのかとびっくりしましたが。

そのときは、いろいろな幽霊話を聞きました。その中である運転手さんが、「私は、同僚から話はいっぱい聞いているけれども、自分では見たことはない。

でも、ほんとうに幽霊だと思ってしまったことはある」というんです。

どういう話かというと、夜一時すぎぐらいに、祇園《ぎおん》の飲み屋街で、和服に日本髪の中年のホステスさんが車を停めた。

「岩倉の奥なんですが、いいですか」というから、「どうぞ」といって乗ってもらった。乗ったらそのホステスさんが、「運転手さん、悪いけど、うち、酔うとるし、しんどいから帯など緩めたりしてよろしいか」というので、「どうぞ、楽にしなさい」といったら、うしろで何かごそごそやっていました。

そのうち、ずっと走っていって、岩倉に着く。「もうそろそろ岩倉でっせ」というと、「もう少し先です」という。もう少し先に行ったら、またお客さんは「もうちょっと先まで行く」と。そのうちに、だんだん家が少なくなって、そのへんから運転手さんは、ちょっと心配になってきたんでしょうね。「このへんにまだ家はあるんですか」と聞いたら、「いや、ありますから大丈夫です」というんで、もう少し行ったら「ありました。あそこです」といい、停めてお金をもらって、おつりを渡した。

「ここからどうやって帰りますんで」とホステスさんに聞いたら、「真っすぐ行って、すぐ曲がり角があるから、それを左に曲がって、次の曲がり角をまた左に曲がると岩倉の町のほうに出まっせ」という。「そうですか、おおきに。じゃ、気いつけて」といって、運転手さんはその道を進んでいった。

岩倉に出ると、町の明かりで車内が少し薄明るくなったんでしょうね。運転手さんが何の気なしにバックミラーを見たら、そのお客さんがまだ乗っているんです。

はっとして、顔も見ることができません。たしかお金をもらっておつりを渡して、向こうから戻る道を聞いて、ここに戻ってきた。そやのに、まだおる。

これは幽霊や、と思った。それで必死で車を飛ばしたら、信号が突然変わったので急停車した。また信号が青に変わったので走りだし、少し行ったときにこわごわバックミラーを見たら、おらんようになった。

ああ、よかったと思って車を停めて外に出て、外から後部座席を見ても何もおらん。やれやれと思ったけれども、もうきょうは仕事はやめようと思った。

ところが、しばらく行ったら、男の人が手を挙げてはる。どうしようかと思ったけれども、男やから幽霊にはならへんやろと思って、乗せてあげたそうです。

そうしたら、そのお客さんが、乗ってくるなり座席の下から何か、わりと大きなものを拾って、「おい、運転手さん、こないなもん落ちとったで」といって渡してくれたんです。それはかつらでした。それでわかりましたんや。

つまり、ホステスさんが帯を緩めたり何かしているときにかつらをはずして、背もたれの上に置いてしまったんですね。それを忘れて降りてしまった。運転手さんがふっと顔を上げると置いたかつらがバックミラーに見えた。

そこで先ほどのイマジネーションが足りなかったという問題になる。

あれ、あのお客さん、かつらを忘れはったのと違うかというところまでイマジネーションがいけば、ああ、ほんまや、忘れとるわ、それですんだ。幽霊にならないなかった。

ところが、かつらがふっと見えたのでまだおると思ってしまった。こういう話というのは、どうもよくありそうな気がするんです。

日本でもそのことを昔からわかっていまして「幽霊の正体見たり枯れ尾花」という言葉もあります。

あれは、細い手のようなものがおいでおいでをしているから、あっ、幽霊だと思ったが、もうちょっと近づいて見直してみたら、何や、ススキやないかとわかったという話でしょう。そういうことはあるとわかっているんです。

しかしどうも、逆にいうと、科学の世界ではそれがあんまり通用しなかったのかもしれない。今までずっと考えてみてそう思うのです。

今、我々は、研究結果を短絡に幽霊と結びつけるようなことをやってはいけないんだろうなということがひとつ。それともうひとつは、いくら我々がまじめに考えてやっても、それはやはりひとつのイリュージョンであって、ほんとうにそうであるかどうかはわからない。あくまでも、我々がそうだろうと思うだけの話だということです。

そうだろうという話が一般的に通用すると、それはそのうちそういうものだということになってしまいますが、それだってほんとうはどうかわからない。そのうちに、それは違うんだという、次のイリュージョンがまた出てきます。それが大発見になるんですけれども。

となると、じゃあ我々は何をしているんだろうということなんですが、そこはもう、ぼくは非常に単純に考えていまして、我々は、前のイリュージョンよりこちらのほうがよりおもしろいイリュージョンだろうということを見せる。

しかし、これもイリュージョンだから、いずれはまた変わりますという。自分がそれを変えるかもしれないし、ほかの人が変えるかもしれない。そうやってイリュージョンをだんだん変えていくと楽しいじゃありませんか、というぐらいに考えていたほうがいいんじゃないか。

科学は、真理の追究だ、などという人がよくいますけれども、そういう人のことは、ぼくはまったく信用しません。そんなものはあるはずがないというような気がします。

ですので『動物と人間の世界認識――イリュージョンなしに世界は見えない』（筑摩書房）という本を書きましたが、やはりそういうものだろうと思います。みなさんには新しいイリュージョンをつくっていくということを、どんどん楽しんでいただきたい。結局それがいちばんいいことなのではないかと思っています。

そういうことをやらないで幽霊ができてしまったら、それは研究者としてとても恥ずかしいことです。

いろいろあって、やはりイマジネーション、あるいはイリュージョンというものは非常に大事で、それなしに研究は先には進まないんだなということを感じました。

どうもありがとうございました。

（二〇〇七年三月三〇日　京都　新・都ホテルにて）

あとがき

今福　道夫

「あとがき」は、普通、著者によって書かれる。

しかし、たいへん残念なことに、著者の日高敏隆先生は二〇〇九年一一月一四日に亡くなられた。

先生は私にとっては、東京農工大学時代の恩師であり、京都大学時代の上司であり、また先生が日本動物行動学会を設立して会長を務めたときには、私は事務局長であった。家が近いこともあって、ずいぶん長いあいだ親しくさせていただいた。

そうした経緯から、この「あとがき」を書かせていただくことになった。

この本は、先生が集英社の読書情報誌「青春と読書」に、二〇〇九年二月から、十回にわたって連載したエッセイに、総合地球環境学研究所を退官されたときの講演録をつけ加えたものである。どちらもこれからの人たちへのメッセージである。

この本に目を通してすぐわかることは、先生の独特の文体である。本を読むというよりは、行を目で追うだけで著者のいわんとすることが流れるようにこちらに入ってくる。

本書は、どうするとものが見えてくるか、見えるものとはどんなものか、そもそも、ものがわかるというのはどういうことか、などについて、これまでの常識を覆しつつ解き明かしてくれる。すばらしい本である。

先生は京都大学を終えたあと、滋賀県立大学の初代学長や総合地球環境学研究所の初代所長を務めた。その多忙な中、多数の著書を執筆し、わが国の文化、学術、教育への貢献から二〇〇八年には瑞宝重光章を受章された。

このように、先生は大きな人物なのだが、身近にいるとほとんどそれを感じさせない。ちょうど本書の文体のように、むずかしくない親しみやすい人だった。

連日、朝のまっ暗な三時ごろからフィールドに出て、ひとしきりアメリカシロヒトリの観察をしてから大学に現れた農工大時代の先生、額に汗をためながら壁いっぱいに広がる書棚から本を引き抜く京大時代の先生、そんな姿が思い起こされる。

先生はクーラーが嫌いだった。

あるとき、私の車の助手席に乗った先生に「クーラーを入れてもいいですか」と尋ねたら、快く「いいよ」といわれたので、思わず「クーラーを入れたほうが気持ちがよくないですか」と聞いた。「それはそうだよ」との返事。

先生は小さいころから体が弱かったので、そんなひ弱になるようなことばかりしていてはいけない、と心がけておられたのかもしれない。あるいは、近代文明の恩恵にばかり浸っているのはよくない、と感じておられたのかもしれない。そんなことは決して外に向かっていうような人ではなかったが。


先生は最後まで、自分が見て感じたものを書き残そうとしていた。

亡くなる数週間前、家に戻られて、薬と好きなお酒を口にしたとたん急に元気になって、「今、書き残さなくては」と筆をとり、手もとの紙に何かを書いた。「植物系ソシキ」とか「物質系」とか「打合いがつづき」といった文字がかろうじて読み取れる。が、文は判読できない。脇にいた奥さまの話と紙の文字から推測すると、体のコンディションがしだいに低下するにつれて、体内の拮抗《きっこう》する植物的なものと物質的なもののうち、後者がしだいに勝ってくる、ということを書き残したかったらしい。だが、この推測の真偽は先生以外にはわからない。

最後までものごとを追求しようとする、いかにも先生らしい姿に思われた。

その書き残しが絶筆なのだろうが、これからは、もはや先生の新たな文を読むことはできない。

本書は、若い人たちへ大切な言葉を多く残された先生の、最後の著作のひとつとなろう。

二〇〇九年一二月四日

＊プロフィール
今福道夫（いまふく　みちお）一九四四年生まれ。日高研究室を引き継ぎ、京都大学大学院理学研究科生物科学専攻教授を務め、二〇〇八年退任。京都大学名誉教授

解説

篠田節子

「西洋にはキリスト教という形で、人々が寄って立ち、道徳的指針となる思想がある。東洋でもそれぞれそうした役割を果たす思想があるのだが、現代日本人にはない。人間が生きていく上で精神の支柱となるものが必要で、それを教育の中に是非取り入れていかなければならないのではないか」

さる会合の懇親会の席で、お隣に座った方が熱意をこめておっしゃった。

「はあ、そうでございますか」とにこやかにうなずき、私はせっせと目の前のテリーヌを食べていた。

「そりゃ違うんじゃないですか、なぜなら……」と反論することはしなかった。

何しろ相手は某大学の学長さんだったか、総長さんだったか、とにかくとてつもなく偉い方だったし、食事をしながら議論するようなことでもないと思ったからだ。

何を精神の支柱にすべきかという話になると、キリスト教から新渡戸稲造《にとべいなぞう》まで、信仰、思想、道徳、語る人によりいろいろ挙げられるが、とにかくそうしたものが生きていく上で必要だ、ということは教育者も経営者もよく口にされる。また、私たちの一世代上のお兄さん、お姉さんたちが、それをマルクス主義に求めた時代もあった。

そんなものはいらない。少なくとも成人式を終えたあたりから、私はそう思って生きてきた。私たちを取り巻く複雑な世界を特定の思想や世界観で説明され、どう考えどう行動すべきかの指針を与えられるなどということは、少なくとも私の人生の上であってはならない、と。手にするのはコンパス一つ、風が出てきたり、高い山が現れたり、急に気温が下がったりしたら、その都度立ち止まり、なぜかと考え、何が正しいのか判断し、何かが違っているという気がしたら修正しながら歩いていけばいい。それが人間としての態度ではないのか、と。

日高先生に初めてお目にかかったのは二〇〇二年のことだ。産経新聞社の企画で、「人間について」のタイトルのもと、新聞紙上で交換エッセイを書くのに先立ち、対談をするためだった。

目の前に現れた「日本の知の最高峰」は、意外なことに体のどこからも「偉そうオーラ」を放ってはいなかった。卑屈なほどへりくだる新聞社の方々の真ん中で、少しとぼけた笑いを浮かべて端然と座っていらっしゃる。対談会場は祇園《ぎおん》の料亭だったが、そうした場所があれほど似合わない方はいなかっただろう。次々運ばれてくる料理にも、お腹いっぱいになってしまうから、という理由で、その半分も手をつけない。

夕暮れ時、どこからともなく現れる小柄な老人の姿を借りた水の精か森の神か仙人か。今昔物語にでも出てきそうな方だな、と思った。

「僕らの学生時代には、科学において『なぜ』を問うてはいけない、と言われたものですよ」

対談は先生のこの言葉から始まった。まさにこの本の冒頭エッセイの通りだ。私たちを取り巻く世界は、不思議に満ちている。驚きの後に、自然にわき起こる「なぜ?」の疑問からいつも小説を書き始める私など、「なぜ?」を封じられたら、いったい何が面白くて生きているのかわからない。科学っていうのは、ずいぶん不自由なものだったのだなぁ、とも思った。日高先生の研究と講座はこうした当時のアカデミズムの常識に反し、その「なぜ」を起点に進められてきた。研究対象の背後に常に多元的な世界が見える。決してタコツボにははまらない。「知の最高峰」の「知の最高峰」たる所以《ゆえん》だ。

お話ぶりもまさに見た目の通り。饒舌《じょうぜつ》でありながらこちらの言葉にも熱心に耳を傾け、その都度、極めて正確な解釈で、丁寧なお答えをくださる。

わからないことは断定しない。ある特定のことから導き出した結論を周辺部の事例に安易にあてはめない。その姿勢は対談でも、その後の往復エッセイでも変わらなかった。政治家でも、宗教家でもない。これが本来の学者なのだ、とあらためて思った。

解釈も語られる内容も正確なのに、先生は「いいかげん」という言葉をよく使われている。

たとえば「筋道立てた話を聞かされると、人間は論理にからめとられてとんでもない妄説でも本気で信じてしまう。真理、真実と思っているが実はイリュージョン（単なる幻覚、幻想というより、個々の生物がそれぞれの感覚知覚を通し、それぞれの世界を認識している、という意味）であり、人間の認知する世界もそうしたもので、人間をそういうあやしげなもの、と受け止める『いいかげん』さがないと、かえっておかしなことになる」といったような意味合いで。

一般的には否定的に使われることの多い「いいかげん」だが、日高先生の言葉ではむしろ「良い加減」に近いニュアンスだ。人の知の限界を自覚したうえで、新たな事実が現れたときに自分の認識や考え方を修正していくために余地を残しておく、くらいの意味だろう。

「イリュージョンは昔からいろいろありますが、それはまた改めていける。『あれはイリュージョンでした。変だった』といえばいい」という本書の中の言葉は、何と示唆に富んでいることだろう。原発事故も敗戦も、まずはここから始めれば良かっただろうに。いや、それ以前の小さな異変に際して、それまでの認識を改め、方針に修正を加えながら進めていくことができたなら、カタストロフは免れただろうに。

また「良い加減」は、たとえば制震建築のダンパーのようなものかもしれない。エネルギーをうまく吸収して破壊を免れるための柔軟性だ。

平易にして謙虚な言葉使いで、「いいかげん」を連発される先生だが、その内容は実のところラディカルだ。

「神であれ、科学であれ、ひとつのことにしがみついて精神の基盤とすることは、これまでの人類が抱えてきた弱さ、幼さであり、これからはそういう人間精神の基盤をも相対化しないといけないのではないか」と日高先生は述べられている。きわめてまっとうな考え方でありながら、冒頭に上げたような、日本の文化をリードしていく権威ある方々の中にあっても、信仰を教養ある道徳的な人々の資格と見なす西洋や中東、あるいはアジアの多くの国々にあっても、かなり異端的な発言ではないかと思う。

一方、日高先生は「議論して相手を言い負かすより、自分の思った道を粛々と行けばいい」ともおっしゃる。決して内向の薦めではない。そうして得た成果こそ、硬直した体系に側面から静かに穴を開け、新鮮な風を通すものだ、ということか？

京都での対談の折、私はこれまでの自分の物の見方、考え方について、極めて明快な言葉で肯定されたような気がして、うれしかった。しかしその後、往復エッセイが始まり、あらためて自分の本棚を見回して愕然《がくぜん》とした。

古び、茶色く変色した本の中に、日高先生のお名前を山のように見つけたからだ。

「日本の知の最高峰」である大学者と対談する、という緊張感はあったものの、まさか自分がそれほどたくさん先生の書かれた本を読んでいた、とは気づいていなかったのだ。

一つには翻訳物が多かったせいもある。日高敏隆という翻訳者の名は、ローレンツやティンバーゲン、ドーキンスやファーブルの名前に隠れて、意識に上っていなかったのだ。それに先生の御著書の一冊一冊はさしたるインパクトはなかったらしい。声高に何かを主張するわけでもなければ、単純で力強い論理なり哲学なりがあるわけでもない。ましてやこのように行動せよ、考えよ、と呼びかけてきたりはしない。だからというべきか、にもかかわらずというべきか、十代の頃から、それと意識しないでずいぶん長い期間、日高先生の著書に親しみ、強い影響を受けていたのだ。

十代の後半から、頭の良い先輩や年上のボーイフレンドたちとおしゃべりするために、サルトルもマルクスもハイデガーも、吉本隆明も読んでいた。自分の精神のバックボーンとなるものを一人前に求めていた時代があったようだが、そのどれも理解などしていなかったし、内容も覚えていない。もちろん私の物の考え方にそれらの本は何も影響を与えていない。しかし長い時間をかけて日高先生の書かれた物は、間違いなく私の精神に浸透し、物の考え方、行動の仕方の指針となってしまっていた。本人がまったく意識することもなく。

やはりあの人は精霊の類《たぐい》だったのかもしれない、と今、この本を読みながら、祇園の料亭のほの暗い電灯の下に現れた、ひっそりとして、とぼけた笑みを浮かべた老人の姿をあらためて思い出す。

本書は二〇一〇年一月、集英社より刊行されました。

集英社文庫　目録（日本文学）

春江一也　上海クライシス(上)(下)
ロジャー・パルバース 早川敦子・訳　驚くべき日本語
半田畔　ひまりの一打
坂東眞砂子　桜雨
坂東眞砂子　曼《まん》荼《だ》羅《ら》道《どう》
坂東眞砂子　快楽の封筒
坂東眞砂子　花の埋葬　24の夢想曲
坂東眞砂子　鬼に喰われた女　今昔千年物語
坂東眞砂子　逢はなくもあやし
坂東眞砂子　傀儡《くぐつ》
坂東眞砂子　くちぬい
坂東眞砂子　朱鳥《あかみどり》の陵《みささぎ》
坂東眞砂子　眠る魚
坂東眞砂子　真昼の心中
坂東眞理子 上野千鶴子　女は後半からがおもしろい
半村良　雨やどり
半村良　かかし長屋
半村良　すべて辛抱(上)(下)
半村良　産霊《むすび》山《のやま》秘《ひ》録《ろく》
半村良　石の血脈
半村良　江戸群盗伝
東憲司　めんたいぴりり
東直子　水銀灯が消えるまで
東野圭吾　分身
東野圭吾　あの頃ぼくらはアホでした
東野圭吾　怪笑小説
東野圭吾　毒笑小説
東野圭吾　白夜行
東野圭吾　おれは非情勤
東野圭吾　幻夜
東野圭吾　黒笑小説
東野圭吾　歪笑小説
東野圭吾　マスカレード・ホテル
東野圭吾　マスカレード・イブ
東野圭吾　マスカレード・ナイト
東山彰良　路傍
東山彰良　ラブコメの法則
東山彰良　DEVIL'S DOOR
樋口一葉　たけくらべ
ひずき優 雨瀬シオリ・原作　小説　ここは今から倫理です。
備瀬哲弘　精神科ER　緊急救命室
備瀬哲弘　うつノート　精神科ERに行かないために
備瀬哲弘　精神科ER　鍵のない診察室
備瀬哲弘　大人の発達障害　アスペルガー症候群、AD/HD、自閉症が楽になる本
備瀬哲弘　精神科医が教える「怒り」を消す技術
備瀬哲弘　もっと人生ラクになるコミュ力UP超入門書
日髙敏隆　世界を、こんなふうに見てごらん
一雫ライオン　小説版　サブイボマスク

集英社文庫　目録（日本文学）

一雫ライオン　ダー・天使
一雫ライオン　スノーマン
日野原重明　私が人生の旅で学んだこと
響野夏菜　ザ・藤川家族カンパニー あなたのご遺言、代行いたします
響野夏菜　ザ・藤川家族カンパニー2 ブラック婆さんの涙
響野夏菜　ザ・藤川家族カンパニー3 漂流のうた
響野夏菜　ザ・藤川家族カンパニーFinal 嵐、のち虹
姫野カオルコ　みんな、どうして結婚してゆくのだろう
姫野カオルコ　ひと呼んでミツコ
姫野カオルコ　サ イ ケ
姫野カオルコ　すべての女は痩せすぎである
姫野カオルコ　よ る ね こ
姫野カオルコ　ブスのくせに！ 最終決定版
姫野カオルコ　結婚は人生の墓場か？
平岩弓枝　釣女 花房一平捕物夜話
平岩弓枝　女櫛 花房一平捕物夜話
平岩弓枝　女のそろばん
平岩弓枝　女と味噌汁
平松恵美子　ひまわりと子犬の7日間
平松洋子　野蛮な読書
平山夢明　他《ひ》人《と》事《ごと》
平山夢明　暗くて静かでロックな娘《チャンネー》
広小路尚祈　今日もうまい酒を飲んだ 〜とあるバーマンの泡盛修業〜
ひろさちや　現代版 福の神入門
ひろさちや　ひろさちやの ゆうゆう人生論
広瀬和生　この落語家を聴け！
広瀬　隆　東京に原発を！
広瀬　隆　赤い楯 全四巻
広瀬　隆　恐怖の放射性廃棄物 プルトニウム時代の終り
広瀬　隆　日本近現代史入門 黒い人脈と金脈
広瀬　正　マイナス・ゼロ
広瀬　正　ツ イ ス
広瀬　正　エ ロ ス
広瀬　正　鏡の国のアリス
広瀬　正　T型フォード殺人事件
広瀬　正　タイムマシンのつくり方
広谷鏡子　シャッター通りに陽が昇る
広中平祐　生きること学ぶこと
アーサー・ビナード　出世ミミズ
アーサー・ビナード　空からきた魚
マーク・ピーターセン　日本人の英語はなぜ間違うのか？
深川峻太郎　キャプテン翼勝利学
深田祐介　翼の時代 フカダ青年の戦後と恋
深谷敏雄　日本国最後の帰還兵 深谷義治とその家族
深町秋生　バッドカンパニー
深町秋生　オーバーキル バッドカンパニーII
福田和代　怪 物
福田和代　緑衣のメトセラ

集英社文庫

世界《せかい》を、こんなふうに見《み》てごらん

2013年1月25日　第1刷
2021年7月7日　第9刷

定価はカバーに表示してあります。

著　者　日高敏隆《ひだかとしたか》

発行者　徳永　真

発行所　株式会社　集英社
東京都千代田区一ツ橋2-5-10　〒101-8050
電話　【編集部】03-3230-6095
【読者係】03-3230-6080
【販売部】03-3230-6393(書店専用)

印　刷　大日本印刷株式会社

製　本　ナショナル製本協同組合

フォーマットデザイン　アリヤマデザインストア　　マークデザイン　居山浩二

ISBN978-4-08-745027-9 C0195